南方科技大学教材建设专项经费资助出版

古菌——生命的奥秘

张传伦　郭　静　程斯宇 等 编著

科学出版社

北 京

内 容 简 介

  《古菌——生命的奥秘》是由张传伦教授主持撰写的专门介绍古菌的微生物学领域科普教材。古菌，虽然和细菌、真核生物一起构成了生物的三域系统，但对于大多数人来说还是非常陌生的。出版本书的目的就是希望把深奥晦涩的科学以深入浅出的形式介绍给大家。本书由浅入深，将今论古，从古菌的定义、特征、培养至古菌在地球化学上的应用概述了国内外学者 30 多年来对古菌的研究，从古菌与地球共演化谈到古菌与人类生存息息相关的问题。全书以基础知识为主，穿插介绍国内外古菌研究的突破性进展，可以较好地为初涉古菌领域的同学和科普爱好者提供帮助。

图书在版编目（CIP）数据

古菌：生命的奥秘 / 张传伦等编著.—北京：科学出版社，2023.8
ISBN 978-7-03-075915-3

Ⅰ.①古⋯　Ⅱ.①张⋯　Ⅲ.①微生物学–分子生物学–研究　Ⅳ.①Q93

中国国家版本馆 CIP 数据核字（2023）第 110451 号

责任编辑：孟美岑 / 责任校对：何艳萍

责任印制：吴兆东/ 封面设计：图阅盛世

科 学 出 版 社 出版
北京东黄城根北街 16 号
邮政编码：100717
http://www.sciencep.com

北京中科印刷有限公司印刷
科学出版社发行　各地新华书店经销
*
2023 年 8 月第　一　版　开本：720×1000　1/16
2025 年 1 月第三次印刷　印张：7
字数：142 000
定价：**88.00 元**
（如有印装质量问题，我社负责调换）

前　言

1977 年，美国科学家卡尔·乌斯（Carl Woese）和乔治·福克斯（George Fox）确定了地球第三种生物形式——古菌（Woese and Fox，1977）。卡尔·乌斯在 1990 年首次提出三域学说，把自然界生物分为三大领域，分别为细菌域、真核生物域以及古细菌域（Archaeobacteria）。古细菌后来被正式叫作古菌（Archaea），并逐渐成为微生物学领域的研究热点之一。古菌作为与细菌、真核生物并列的第三种生命形式，不仅生活于极端自然环境，还表现出极为丰富的遗传与代谢多样性，具有许多独特的功能和产物。因此，研究古菌既有助于理解生命的多样性、基本规律及与地球的共进化，也有助于推动生物技术产业的发展。

尽管古菌和细菌一样，在我们的身边无处不在，但相比于细菌和真核生物，古菌对于大多数人来说还是一个非常陌生的词语。这正是笔者编写本书的初衷——为各路科研工作者，博士、硕士研究生，对科研感兴趣的同学乃至热爱科学的小朋友开启古菌世界的大门，揭示古菌生命的奥秘。

本书由南方科技大学"深圳市海洋地球古菌组学重点实验室"张传伦教授团队共同完成。张传伦教授 1994 年获得美国得州农工大学（TAMU）博士学位，2012 年作为国家特聘教授引进，全职回国。主要研究方向为微生物在环境及能源、地质历史演化及全球变化中的作用，擅长利用脂类标记物、稳定同位素和基因组学等交叉手段来研究微生物特别是古菌在全球碳氮循环中的作用。张传伦教授扎根于南方科技大学海洋科学与工程系，致力于生物地球化学方向的研究和人才培养。

本书第 1 章至第 3 章由浅入深，将今论古，从古菌的定义、特征、培养至古菌在地球化学上的应用概述了国内外学者近 30 年来对古菌的研究。第 4 章和第 5 章由深入浅，从古到今，从古菌与地球共演化谈到古菌与人类生存息息相关的问题。最后一章以古菌 12 问留给读者思考空间，遐想古菌研究未来发展趋势。

如今，中国涌现出许多研究古菌的实验室和科研队伍。期待更多崭新的成果被载入史册。

我们感谢参与此手册资料搜集、编写、修改的所有成员。此手册最初受同济大学海洋地质国家重点实验室汪品先院士科普理念的启发，由同济大学吴伟艳同学编辑整理，用于课题组内部交流学习；后由南方科技大学深圳市海洋地球古菌组学重点实验室高思敏及其他同学加以修改、扩充，增加了 30 多年来全球科学家在古菌领域的研究进展；最后经过张传伦教授、承磊研究员、李洁副研究员润色定稿，经多位国内古菌研究资深专家（黄力、东秀珠、肖湘、王风平、佘群新、申玉龙、李文均、牟伯中、李猛、曾芝瑞、范陆、侯圣伟等）审阅后，终于能够面向大众，给对古菌研究感兴趣的同学和科普爱好者提供基础读物。感谢南方科技大学冷冻电镜中心刘铮等提供封面图。由于作者能力有限以及古菌研究成果的不断涌现，本书难免遗漏一些重要的古菌发现，恳请古菌研究专家们阅读时给予谅解。

另外，我们向中国研究古菌的所有同行致以最诚挚的感谢，感谢你们在此领域孜孜不倦的努力。我们希望，正在阅读此手册的你可以加入古菌研究的大家庭中；我们相信，在不久的将来，会有更多年轻的学者参与到古菌的研究中来；我们更期待，中国的古菌科研团队可以立足世界前沿，成为古菌研究的领跑者！

目　　录

第1章 古　菌

1.1　古菌的定义

　　古菌（Archaea）又称古生菌、古细菌、太古菌或太古生物。"古细菌"这个概念是 1977 年由卡尔·乌斯（Carl Woese）和乔治·福克斯（George Fox）提出的，基于它们在 16S rRNA[①]的系统发育树[②]上和其他原核生物[③]的区别（Woese and Fox，1977）。这两组原核生物起初被定为古细菌和真细菌（Eubacteria）两个界[④]或亚界[⑤]。乌斯认为它们是两支根本不同的生物，于是重新命名其为古菌和细菌（Bacteria），这两支和真核生物（Eukarya）[⑥]一起构成了生物的三域系统（图 1.1）。古菌存在的历史非常悠久，而且微生物学家和地球化学家运用各自擅长的技术发现，古菌广泛存在于土壤、湖泊、沼泽、河流、海水和海底沉积物等现代环境中（DeLong，1992；Fuhrman et al.，1992；Baker et al.，2020；Tahon et al.，2021；Shu and Huang，2022）。

---

　　① 16S rRNA：16S rRNA 即 16S ribosomal RNA，是原核核糖体30S 小亚基的组成部分。16S 中的"S"是一个沉降系数，亦即反映生物大分子在离心场中向下沉降速度的一个指标，值越高，说明分子越大。

　　② 系统发育树：系统发育树（phylogenetic tree）又称演化树（evolutionary tree），是表明被认为具有共同祖先的各物种间演化关系的树，是一种亲缘分支分类方法（cladogram）。在树中，每个节点代表其各分支的最近共同祖先，而节点间的线段长度对应演化距离（如估计的演化时间）。

　　③ 原核生物：是没有成形细胞核的一类单细胞生物。

　　④ 界（kingdom）：早期生物科学分类法中最高的类别。瑞典生物学家林奈提出生物命名法后，生物学家用界（kingdom）、门（phylum）、纲（class）、目（order）、科（family）、属（genus）、种（species）对生物加以分类，以便于弄清不同类群之间的亲缘关系和进化关系。

　　⑤ 亚界：位于界与门之间的一个生物分类等级。界可再分为亚界，由界内一个或若干个与其他门性状不同的门组成。

　　⑥ 真核生物：所有单细胞或多细胞的、细胞内具有细胞核的生物的总称，它包括所有动物、植物、真菌和其他具有由膜包裹着的复杂亚细胞结构的生物。

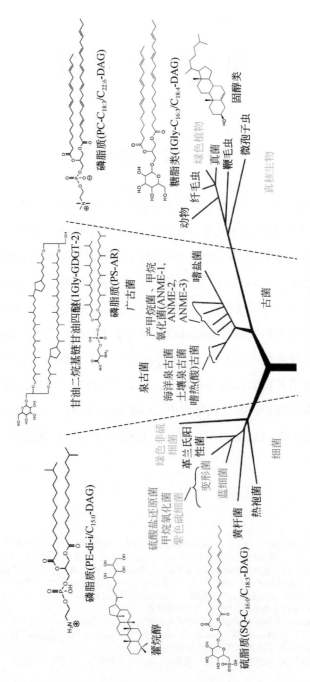

图1.1 生物的三域系统及其代表性膜脂成分

古菌的英文名"Archaea"来源于希腊语，是"古老"（ancient）的意思。古菌常被发现生活在盐湖、海底热液口、陆地热泉等高盐、高温或高压等极端的环境中（图 1.2），这些环境和地球早期环境十分相似，因此古菌被认为可能是地球上最早出现的生命，即"古老的生命"。古菌曾经一度被认为是极端微生物，但现在知道，不是所有的古菌都存在于极端环境，也不是所有的极端微生物都属于古菌。

图 1.2　古菌生活的极端环境

A. 云南热海大滚锅；B. *Haloalkaliphiles* 可以在 pH 高达 10 的 Hamara 湖中生存

1.2　古菌的特征

古菌个体微小，一般小于 1μm（微米），虽然在高倍光学显微镜[①]下可以看到它们，但最大的也只像肉眼看到的芝麻那么大。我们可以用电子显微镜[②]来区分它们的形态。古菌虽然很小，但是形态各异，有的像细菌那样为球形、杆状，也有耳垂形、盘状、螺旋形、叶状。有的古菌甚至呈三角形或不规则形状，还有方形的，像几张连在一起的邮票。古菌的细胞有的以单个细胞存在，有的呈丝状体或团聚体，丝状体长度有 200μm（见图 1.3）。

---

① 光学显微镜：光学显微镜是利用光学原理，把人眼所不能分辨的微小物体放大成像，以供人们提取微细结构信息的光学仪器。光学显微镜放大倍率受物镜放大倍率限制，最大可达 1500 倍。

② 电子显微镜：电子显微镜的应用是建立在光学显微镜的基础之上的，放大倍率为光学显微镜的 1000 倍。

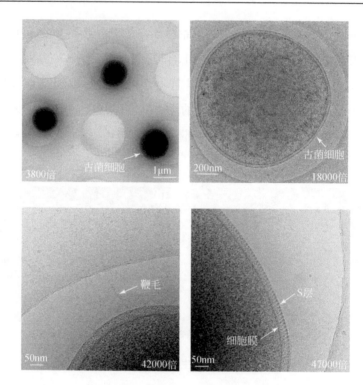

图 1.3　冷冻电镜下硫化叶菌的结构特征

拍摄于南方科技大学冷冻电镜中心

　　古菌属于原核生物，和细菌一样由细胞质、细胞膜和细胞壁三部分组成。细胞膜将细胞和外部环境隔离开，膜内包裹着细胞质，其中悬浮着 DNA，古菌的生命活动在这里进行。几乎所有的古菌细胞的外面都围有细胞壁。相对于细菌和真核生物来说，古菌的细胞壁既不含肽聚糖，也不含纤维素和几丁质[①]，而常具有糖蛋白或蛋白质等独特的成分和结构。

　　古菌和其他生物的区别还体现在细胞膜上。基本差别有以下 5 点。

　　（1）古菌细胞膜存在着独特的单分子层或双分子层。

　　细胞膜是紧贴在细胞壁内侧并包围着细胞质的一层柔软、富有弹性的半透性薄膜，其主要成分是磷脂。细胞膜是由两层磷脂分子按一定规律整齐地排列而成的，其中每一个磷脂分子由一个带正电荷且能溶于水的极性头（磷酸端，

———————
　　① 肽聚糖、纤维素、几丁质：这几种分别是细菌、植物和真菌细胞壁的主要成分。

见图 1.4A）和一个不带电荷、不溶于水的非极性尾（烃端）构成。极性头朝向内外两表面，呈亲水性，而非极性端的疏水尾则埋入膜的内层，于是形成了一个磷脂双分子层（图 1.4B）。

　　大多数细菌和真核生物的细胞膜都是由甘油脂肪酸酯组成的磷脂双分子层，古菌的细胞膜则由甘油二醚的磷脂和糖脂的衍生物组成。大部分古菌具单层细胞膜（图 1.4C），也存在双分子层（图 1.4B）。

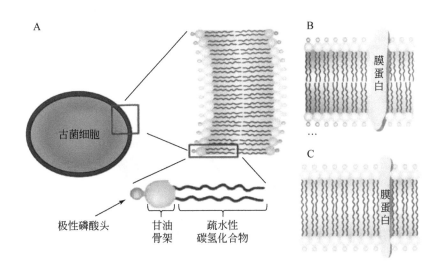

图 1.4　古菌细胞膜脂示意图

A.亲水极性磷酸头（蓝色）、甘油骨架（绿色）和疏水性碳氢化合物（深蓝色尾巴）；B.古菌膜脂双层结构；C.古菌膜脂单层结构

　　（2）古菌细胞膜具有 L 型甘油的立体构型。

　　细胞膜单元的两侧各含一个甘油分子。这两种甘油就像物体和它在镜子中的影像一样。如果你伸出双手放在面前，张开手掌，手指向外，手腕朝里，掌心向上，这时你的两个拇指会指向相反的方向，这是因为两只手彼此互为镜像。如果翻过一只手，则两个拇指指向一个方向，但是这只手的掌心就不再向上了，这就是甘油的两种立体异构体的形象比喻。它们不可能简单地旋转一下就从一种变成另一种，化学家将其中一种命名为 D 型，另一种命名为 L 型。细菌和真核生物的细胞膜中是 D 型甘油（见图 1.5⑦），而古菌中是 L 型（见图 1.5③）。

（3）古菌细胞膜通常带有醚键。

当侧链加到甘油分子上时，大多数细菌和真核生物是通过酯键（见图 1.5⑥）来结合的。相反，古菌的侧链是通过醚键（见图 1.5②）来连接的。因此，古菌的磷脂的化学性质不同于其他生物的膜脂。

（4）具类异戊二烯链。

细菌和真核生物的磷脂上的侧链通常是链长 16 到 18 个碳原子的脂肪酸（见图 1.5⑤），古菌膜上的磷脂侧链则不是脂肪酸，而是由类异戊二烯构成的，在二醚类化合物中，单链长为 20 个碳原子（见图 1.5①）。

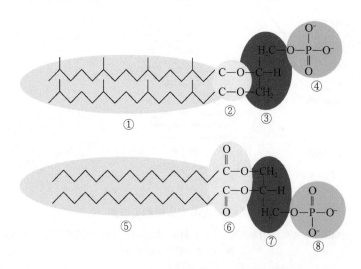

图 1.5　古菌（上）与细菌（下）细胞膜结构图

①类异戊二烯链；②醚键；③L 型甘油立体构型；④磷酸端；⑤脂肪酸链；⑥酯键；⑦D 型甘油立体构型；⑧磷酸端

（5）侧链具有分支。

古菌细胞膜的侧链上有不同的化合物构成的分支，细菌和真核生物的脂肪酸没有这些侧分支。侧分支能够形成碳原子环。这种环可以稳定膜上的结构，有助于古菌生活在高温中。

1.3　系统分支多样性

早在 1880 年，第一株①极端嗜盐菌（详见 1.4 节）在实验室被科学家分离出来。当时的科学期刊就报道了这一重大发现，但是它并没有被冠名为古菌，由于其生理特征和细菌相似，人们把它放置在细菌的谱系中。在 1938 年，产甲烷菌（详见 1.3.1 节）也在实验中被分离出来，虽然因为产甲烷而备受关注，但它还是跟嗜盐菌一样，成了细菌家族中的一员。尽管这两种极其特别的"细菌"给科学家们带来了很多惊喜，但是它们与细菌之间在系统发育学上的不同仍然没有被发现。直到 20 世纪 70 年代末，嗜盐"细菌"和产甲烷菌迎来了极其重要的时刻。美国科学家卡尔·乌斯收集了很多株分离的细菌，利用当时新发展起来的 16S rRNA 分析方法来研究细菌的进化，并进一步研究地球生命的进化。这个方法的依据是核糖体小亚基②上的 16S rRNA 很保守，不容易变异，可以作为生物演化历程的分子计时器。结果很意外，建立起来的生命树明显由三个分支组成。

1990 年，卡尔·乌斯等正式提出将地球上的生命分为三个域："古菌""细菌""真核生物"（Woese et al.，1990）。产甲烷菌和嗜盐菌从此写入了古菌的谱系中。但是这一观点遭到了部分人的反对，反对者认为原核和真核是生物学最根本、最有进化意义的分类方法，从表型特征方面来看，古菌和细菌的差别远远没有细菌和真核生物的差别大。但是后来采用多种方法建立的系统发育树和越来越深入的研究表明，古菌是一种独特的生命形式，它有资格和细菌及真核生物平起平坐。到目前为止，古菌门类已发展为多个分支（Adam et al.，2017），根据权威数据库 NCBI（美国国立生物技术信息中心）的记录，古菌共有 45 个门类，其中广古菌门（Euryarchaeota）、泉古菌门（Crenarchaeota）③、纳米

---

　　① 株：菌类量词。一株菌表示任何由一个独立分离的单细胞（或单个病毒粒子）繁殖而成的纯种群体及其后代。

　　② 核糖体小亚基（ribosomal small subunit, SSU）是核糖体中较小的核糖体亚基。每个核糖体都由一个核糖体小亚基与一个核糖体大亚基共同构成。小亚基在核糖体翻译过程中负责信息的识别。

　　③ 按照最新的分类方法，泉古菌被分到了更高的一个古菌大类下面，称为 TACK，并改名为 Thermoproteota（Oren and Garrity，2021）。

古菌门（Nanoarchaeota）、初古菌门（Korarchaeota）、深古菌门（Bathyarchaeota）、奇古菌门（Thaumarchaeota）的分类方式被广泛接受，另外也可根据其分布范围分为海洋浮游古菌、海洋底栖古菌等。

1.3.1 广古菌门（Euryarchaeota）

广古菌门的拉丁名源自希腊语"euryos"，指"broad，wide"，即"多样的"，在 16S rRNA 系统发育树上，它们组成一个单系群。广古菌门包含了古菌中的大多数被分离出来的种类，包括经常能在动物肠道中发现的产甲烷古菌、在极高盐浓度下生活的盐杆菌、一些超嗜热的好氧和厌氧菌及海洋类群。其门下主要有盐杆菌纲（Halobacteria）（图 1.6）、甲烷杆菌纲（Methanobacteria）、甲烷球菌纲（Methanococci）、甲烷微菌纲（Methanomicrobia）、甲烷炙热古菌纲（Methanopyri）、古球状菌纲（Archaeoglobi）、热原体纲（Thermoplasmata）和热球菌纲（Thermococci）。

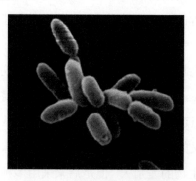

图 1.6　扫描电镜下的盐杆菌

广古菌门以产甲烷类型为代表。产甲烷古菌是地球上最古老的生命形式之一，大部分属于广古菌门，从 34.6 亿年前就可能出现在地球上，也被预测为火星等地外星球上的可能土著微生物。产甲烷古菌的生长代谢活动与气候变化紧密相关，也许还是 2.5 亿年前物种大灭绝的元凶。现在每年排放到大气中的甲烷量约 500～600Tg，大约 69%是微生物代谢所产生的，产甲烷古菌是其中主要的贡献者。产甲烷古菌分布广泛，存在于湿地、水稻田、淡水和海洋沉积物、植物根际、地下油藏和煤藏、动物瘤胃和肠道及厌氧消化器等自然和人工环境中，甚至存活在干旱的沙漠和高温热泉中，在地球主要元素的生物化学循环过程中起着重要作用。产甲烷古菌在有机质厌氧生物降解过程的最后一个环节发挥着关键作用，是生物甲烷形成的直接贡献者，这种可再生能源的开发利用日益受到世界各国的关注。因此，开展产甲烷古菌的研究具有重要的理论和现实意义。

1. 产甲烷古菌的生理生化特征

产甲烷古菌是严格的厌氧微生物，不能利用氧气作为电子受体，只有少数产甲烷古菌可在微量氧气中短时间存活。产甲烷古菌的形态学特征与其他微生物差别并不大，但是产甲烷古菌中含有的辅酶 F_{420} 是参与甲烷代谢途径的关键辅因子，氧化态时吸收 420nm 左右的紫外光，激发出约 470nm 的蓝绿色荧光，这一现象可借以鉴定产甲烷古菌的存在。产甲烷古菌的生长温度范围非常宽泛，最低温度接近 0℃，最高可达到 110℃，在 20MPa 的高压条件下产甲烷古菌的生长温度可高达 122℃，是生长温度最高的微生物之一。pH 是影响产甲烷代谢的重要环境因子，产甲烷古菌的 pH 生长范围比较窄，一般在靠近中性条件（pH 6.0～8.0）生长。只有极少数产甲烷古菌可在 pH 低至 4.5 左右的环境下生长，少数产甲烷古菌的最适生长 pH 达 9.0～9.5。此外，产甲烷古菌广泛分布在海洋和盐湖等沉积环境中，具有较高的耐盐能力。

产甲烷古菌利用的底物种类非常有限，通常认为其能源和碳源物质主要有五种，即 H_2/CO_2、甲酸、甲醇、甲胺和乙酸。根据底物利用特征主要可分为三种营养类型：氢营养型、乙酸营养型和甲基营养型（Liu and Whitman，2008；东秀珠等，2019；Zhang C L et al.，2008）。但最近研究发现产甲烷古菌可以有更宽泛的底物利用能力（见下）。

2. 产甲烷古菌的代谢途径

产甲烷古菌只能通过产甲烷代谢获取能量来生长繁殖，其碳代谢途径主要有三种：CO_2 还原途径、乙酸发酵途径和甲基裂解途径。在碳代谢过程中，产甲烷古菌通过电子呼吸链来推动形成跨膜 Na^+/H^+ 梯度，再通过 A_1A_0-ATP 酶合成腺嘌呤核苷三磷酸（ATP）（Schlegel et al., 2012）。其中铁氧化还原蛋白（Fd）、甲烷吩嗪（MP）、细胞色素（cytochrome）、H_2 和 F_{420} 是电子传递的重要载体，介导电子传递的多酶复合体是重要功能单元（Welte and Deppenmeier, 2014）。

近年来，随着研究的不断深入，我们对产甲烷古菌的代谢途径类型有了更多的了解。2007 年，农业部沼气科学研究所的承磊等分离鉴定了甲基营养型产甲烷古菌新属种——胜利油田热甲烷微球菌（*Methermicoccus shengliensis* gen. nov., sp. nov.），提出了我国厌氧古菌分类学研究的第一个新科——Methermicoccaceae fam. nov.（Cheng et al., 2007）。2016 年日本科学家发现 *Methermicoccus shengliensis* 可以直接降解煤炭中的甲氧基化合物产甲烷能力，并提出了第四条产甲烷途径——甲氧基营养型产甲烷古菌（Mayumi et al., 2016）。

农业农村部沼气科学研究所承磊、深圳大学李猛和德国马克斯普朗克海洋微生物研究所冈特·韦格纳（Gunter Wegener）等国际团队，通过稳定碳同位素标记培养、宏基因组和宏转录组测序和高分辨质谱分析，证实了一类新型的产甲烷古菌（*Candidatus* Methanoliparum）可以直接降解 C_{13} 及以上的正构烷烃、C_{19} 及以上的长链烷基环己烷和烷基苯长链烷基烃，并通过β-氧化、厌氧乙酰辅酶 A（Wood-Ljungdahl）途径进入产甲烷代谢，而不需要通过互营代谢来完成。即这类新型的产甲烷古菌可以不与其他微生物合作，绕过复杂过程，直接"吃掉"石油产生甲烷（Zhou et al., 2022）。

3. 产甲烷古菌的系统分类

产甲烷古菌是严格厌氧的微生物，在严格厌氧技术发明之前，其分离培养研究进展缓慢。巴氏甲烷八叠球菌（*Methanosarcina barkeri*）和甲酸甲烷杆菌（*Methanobacterium formicium*）是最早分离出的产甲烷古菌。1950 年，厌氧操作技术亨盖特培养（Hungate cultivation）的发明，极大地推动了产甲烷古菌纯培养和生理生化特性研究。但是依据细胞形态等传统手段对微生物分类的局限性越来越大，甚至有知名微生物学家认为科学分类微生物是一项不可能完成的工作。1977 年，乌斯等提出的基于核糖体 rRNA 基因序列相似性的系统分类学方法彻底改变了人们对微生物多样性的认识；基于此分类方法，目前有效发表的产甲烷古菌共有 171 个种，分属于 38 属、17 科和 8 目（易悦等，2023），包括甲烷杆菌目（Methanobacteriales）、甲烷球菌目（Methanococcales）、甲烷胞菌目（Methanocellales）、甲烷微菌目（Methanomicrobiales）、甲烷炙热古菌目（Methanopyrales）、甲烷八叠球菌目（Methanosarcinales）、甲烷马赛球菌目（Methanomassiliicoccales）和甲烷泡碱目（Methanonatronarchaeales）。虽然分离获得的产甲烷古菌都属于广古菌门，但是基于宏基因组数据的研究表明，产甲烷古菌还可能分布在非广古菌门中，如 TACK 超门下的深古菌门（Bathyarchaeota）和韦斯特古菌门（Verstraetearchaeota）。最近，中国科学家在非广古菌门中得到了第一株分离产物（*Verstraetearchaeum methanopetracarbonis* LWZ-6），取得了重大突破（周雷等，2020；Cheng et al.，2023）。

4. 产甲烷古菌生态学功能

产甲烷古菌在自然界中分布非常广泛，在全球碳生物地球化学循环过程中起着重要作用。每年排放到大气中的 500～600Tg 甲烷大部分是产甲烷古菌代谢产生的。基于微生物分子生态学技术研究发现，很多未培养产甲烷古菌是环境中甲烷排放的主要参与者。产甲烷古菌也是可再生能源的生产者，与发酵细菌和互营菌一起合作，利用畜禽粪便和秸秆等农业废弃物，为人类社会提供清洁干净的可再生能源——甲烷。

1.3.2　泉古菌门（Crenarchaeota）

泉古菌门的拉丁名源自希腊语"crenos"，指"spring, fount"，即"泉"，是古菌的另一个主要分支，包括位于系统发育树近根部的古菌类群热网菌属（*Pyrodictium*）。但其在某些海洋里的超微浮游生物中也占有相当比例（尚未成功培养），也有肠道中分离出的种类（餐古菌目）。按照《伯杰氏手册》[①]，此门只含一个热变形菌纲（Thermoprotei），包括五个目，分别是热变形菌目

---

① 《伯杰氏手册》全称《伯杰氏系统细菌学手册》，是一本有代表性的、参考价值极高、比较全面系统的细菌分类手册。由美国的布里德（Breed）等人主编。2015 年 4 月开始，该书开始在线发布更为快捷的电子版手册（https://onlinelibrary.wiley.com/doi/book/10.1002/9781118960608），为原核微生物系统分类学领域注入新的生机和活力。

（Thermoproteales）、除硫球菌目（Desulfurococcales）、硫化叶菌目（Sulfolobales）、酸叶菌目（Acidilobales）和热球菌目（Fervidicoccales）。

大多数培养的泉古菌都是嗜热或超嗜热古菌，生长温度范围大约为 45～110℃，且要求 pH 为 1～3 的高酸度环境，其中一些可以在 113℃的高温下生存。它们是革兰氏阴性菌[①]，形态多样，有棒状、球状、丝状等。有化学自养、化学异养和兼性营养三种不同的营养类型。大多泉古菌能代谢元素硫，因此被命名为硫化叶菌（*Sulfolobus*），能在好氧条件下将硫或 H_2S 氧化为 H_2SO_4，在厌氧条件下可还原元素硫为 H_2S。主要分布于硫温泉、火山口、燃烧后的煤矿等环境。

硫化叶菌是最早发现的嗜酸热微生物之一（Brock and Boylen，1973），是热变形菌纲下的一大类需氧型古菌，其生长环境通常为富含硫的地热地区。硫化叶菌的细胞形状不规则，有时为树叶状，有时为球形，直径大约为 0.7～2μm；革兰氏染色阴性；最适生长 pH 为 2～4，可耐受 pH 为 0.9～5.8；最适生长温度为 70～85℃。硫化叶菌是一大类极端嗜酸热的需氧型古菌，兼性自养，可以以 CO_2 为碳源，以硫、硫代硫酸盐为能源自养生长；细胞壁只含有一个呈晶格样排列的 S 层，主要由蛋白和糖蛋白组成，是生物进化过程中出现的最简单的细胞壁。在硫化叶菌中，参与能量代谢的蛋白多类似于细菌，而参与 DNA 复制、修复、重组、细胞周期调控、转录和翻译的蛋白则与真核生物同源。硫化叶菌的类似功能组分相比真核生物来说要简单，其蛋白耐热的特点特别有利于对其进行原核异源表达纯化和结构解析，还能非常方便地在实验室培养，且含有丰富的染色体外遗传因子，因此成了古菌生化和遗传研究的模式生物。

目前硫化叶菌科至少包括五个属（*Acidianus*、*Metallosphaera*、*Stygiolobus*、*Sulfolobus*、*Sulfurisphaera*），研究较多的是嗜酸两面菌属（*Acidianus*）和硫化叶菌属（*Sulfolobus*）。硫化叶菌主要分离于世界各地的酸性热泉，例如：硫磺

---

① 革兰氏阴性菌：革兰氏阴性菌泛指革兰氏染色反应呈红色的细菌。在革兰氏染色实验中，首先添加龙胆紫（crystal violet），再添入另一种复染料［通常使用番红（safranin）或品红（fuchsine）］，从而将所有的革兰氏阴性菌染成红色或粉色。通过这种测试我们可以区分两种细胞壁结构不同的细菌。革兰氏阳性菌在反应后的除色溶液中将呈现龙胆紫的颜色。

矿硫化叶菌分离于意大利那不勒斯的一个硫磺矿热泉（Brock and Boylen，1973）；嗜酸热硫化叶菌分离于美国黄石公园的热泉（Shivvers and Brock，1973）；芝田硫化叶菌分离于日本别府（Beppu）的一个热泉（Grogan et al.，1990）；腾冲硫化叶菌分离于中国云南的腾冲热泉（Xiang et al.，2003）；冰岛硫化叶菌分别来自冰岛、俄罗斯和美国的热泉，这同时也表明冰岛硫化叶菌是北半球最主要的能够培养的硫化叶菌种类（Whitaker et al.，2003）。硫化叶菌属现被确切命名的有 12 个种，它们的基因组序列均已被测定。

1.3.3 纳米古菌门（Nanoarchaeota）

迄今只包括一个种，即由卡尔·施泰特尔（Karl Stetter）于 2002 年在冰岛的热泉口发现的寄生纳米古菌，这是在另一种古菌燃球菌（*Ignicoccus*）上生活的专性共生菌（图 1.7）。纳米古菌的细胞直径大约 400nm，基因组只有 48 万个碱基对，是目前已发现的有细胞生物中（即除病毒之外）基因组最小的生物。它的 16S rRNA 序列和其他生物相差很多，不能用常规方法检测到。通过核糖体小亚基 rRNA 做出的系统发育树，初步将其单列为一个门（Huber et al.，2002）。

1.3.4 初古菌门（Korarchaeota）

初古菌是通过 16S rRNA 序列区分的一类古菌，发现于美国黄石公园热泉，细丝状，在 16S rRNA 系统发育树上形成一个独立分支，Barns 等（1996）建议建立一个新的门，称为初古菌门。此后在一些陆地和海洋热液环境中也发现初古菌门，但数量不多。该类菌种目前只能用荧光原位杂交技术[①]检测证实其存在，实验室中尚未有被培养的菌株，与其他生物的关系也尚未确定。它们有可能并不是一个独立的类群，而是 16S rRNA 发生了某些快速或特殊突变的种类。

---

① 荧光原位杂交技术（fluorescence in situ hybridization, FISH）：根据已知微生物不同分类级别上种群特异的 DNA 序列，以利用荧光标记的特异寡聚核苷酸片段作为探针，与环境基因组中 DNA 分子杂交，检测该特异微生物种群的存在与丰度。

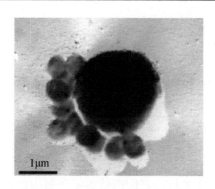

图 1.7　寄生纳米古菌（微小细胞）附着在其宿主古菌燃球菌（大细胞）上

1.3.5　深古菌门（Bathyarchaeota）

深古菌，原名为混杂泉古菌类群（Miscellaneous Crenarchaeotal Group，MCG），包含一类多样性极高的古菌类群，是自然界分布非常广泛的一大类未培养古菌，在海洋沉积物中含量最为丰富，并且也是最活跃的类群之一。据推算，深古菌在自然界的含量约为（2～3.9）×10^{28} 个细胞，是地球上含量最丰富的微生物之一，很可能在全球物质和能量循环过程中发挥了重要的作用。然而由于深古菌细胞生长异常缓慢，至今尚未在实验室实现培养，且细胞体积偏小（直径 0.4～0.6μm 的球状颗粒）不易检测等原因，对它的研究进展缓慢，对其地球化学和生态学功能知之甚少。随着各类生境中深古菌基因组信息的不断发现和纯培养工作的不断探索，深古菌门成员的生态分布、代谢和功能特征逐渐清晰，这类古菌的研究成果将对整个微生物研究有着重大的影响。

1. 深古菌门的确立

最初 MCG 古菌被命名为陆地型混杂泉古菌类群（Terrestrial Miscellaneous Crenarchaeotal Group），被认为主要分布于陆地生境中，是泉古菌门的一个分支类群。Inagaki 等（2003）在调查鄂霍次克海沉积物微生物时发现这类古菌，它是火山灰沉积层古菌的主要组成类群，因此将其改名为 MCG 古菌。Li 等（2012）对南海沉积物的质粒文库中的 MCG 古菌 16S rRNA 基因长片段进行测序分析时发现，MCG 古菌的进化距离与其他已知古菌门类相距较远，认为其是古菌域的一个新的类群。同年，Kubo 等（2012）通过汇总和分析 SILVA 数据库中（SSU Ref NR106 和 SSU Parc106）4720 个 MCG 古菌核糖体小亚基基因序列，建立了第一个全球范围内的综合性 MCG 古菌系统发育树，使研究者们对 MCG 古菌的系统发育地位和结构有了全面的了解，为研究其在全球生态环境的分布和功能奠定了基础。Lloyd 等（2013）对 MCG 古菌进行了第一次单细胞基因组测序，并对部分单拷贝基因进行了系统发育分析，推测 MCG 古菌的分类地位处于奇古菌门和曙古菌门（Aigarchaeota）之间，是一个新的古菌门类。2014 年，上海交通大学王风平课题组通过对 MCG 古菌的 23S rRNA-16S rRNA 串联基因进行系统发育分析，发现 MCG 古菌在系统发育树上显著区别于其他古菌门类，属于一类较老的古菌门类。鉴于该古菌广泛和丰富地分布在全球深海沉积物中，MCG 古菌被重新命名为深古菌门（Meng et al.，2014）。至此，深古菌门被确立为一个新的古菌门类，由于其具有多样性、分布和生理生化途径的特殊性，对它的深入研究将有助于研究者们理解原核生物在全球物质和能量循环中的重要作用。

2. 深古菌的生理生化特征

由于深古菌分布广泛，生物量较高，且其生理生化功能对于全球生态系统和环境变化影响巨大，因此对于深古菌生理生化功能的探索成为古菌研究的热点。此前，对海洋和河口等沉积物的宏基因组研究发现，深古菌具有潜在的降解蛋白质、利用有机碳和分解芳香族化合物等异养代谢途径。Webster 等（2010）和 Seyler 等（2014）利用 DNA 同位素标记方法分别对河口和盐沼泽地沉积物的宏基因组进行研究后推测，深古菌可能是一类利用低分子有机酸或高分子生物聚合物等有机物作为碳源的异养型微生物。但是另一些研究发现，深古菌具备利用二氧化碳和氢气作为物质来源的自养代谢途径（Evans et al.，2015；He et al. 2016；Lazar et al.，2016），同时发现深古菌基因组中有 *mcrA* 基因，指示其具有产甲烷的潜力（Evans et al.，2015）。此外，通过河口沉积物中古菌定量分析推测，深古菌可能是一类自养型或利用有机物的异养型微生物（Meador et al.，2015）。

　　此外，在众多生境的宏基因组研究中还发现，部分深古菌基因组中含有异化还原亚硝酸盐（Lazar et al.，2016）和硫酸盐的关键功能基因（Zhang et al.，2016），这表明深古菌也可能参与氮硫化合物的代谢，对氮硫元素的生物地球化学循环有着重要的意义。2018 年，上海交通大学王风平课题组利用木质素成功富集了深古菌亚族 Bathty-8。这类深古菌被推测利用碳酸氢钠为碳源，木质素为能量来生长，表现为有机自养代谢特征（Yu et al.，2018），并通过DNA-SIP 方法证明其固碳能力（Liang et al.，2023）。该课题组进一步得到深古菌的高度富集培养物并将其命名为 Candidatus Marisediminiarchaeum ligniniphilus DL1YTT001。此类群高度表达一种特异性的甲基转移酶系统，用于木质素衍生物的 O-去甲基化过程。结合深古菌的广泛分布，深古菌介导的 O-去甲基化过程可能是全球厌氧木质素再矿化过程的关键步骤（Yu et al.，2022）。此外，深圳大学李猛课题组在红树林的深古菌研究中拓展了对深古菌代谢能力的认知，发现深古菌基因组中存在视紫红质、维生素 B_{12} 合成以及氧依赖性代谢方式，表明其存在感光和微氧生活方式（Pan et al.，2020）。

　　从上述研究中可知，深古菌的生理生化功能具有较高的多样性。然而，由于成功培养案例较少，目前对深古菌的代谢研究还停留在基因组水平的预测上，对深古菌的生理生化功能的了解仍有限。

3. 深古菌的地理分布

　　深古菌在陆地和海洋环境中广泛分布（Takai et al.，2001）。例如，在深海钻探站点 Peru Margin Site 1229 和 Peru Margin Site 1227 中，深古菌分别占据了古菌总丰度的 92%和 48%；在鄂霍次克海中的火山灰层中，深古菌占 71%；在日本南海海槽（Nankai Trough）的弧前盆地沉积物中占 47.5%；在 Nankai Trough ODP 1173 层积岩中占 20.6%，在地中海更新世腐殖质的所有层中的占比平均高达 83.3%（Coolen et al.，2002；Reed et al.，2002；Inagaki et al.，2003；Newberry et al.，2004；Parkes et al.，2005；Inagaki et al.，2006；Teske，2006）。此外，Fry 等（2008）对海面下水层的 16S rRNA 基因的 47 个克隆文库进行了

分析，发现深古菌占据古菌的 33%，并预测在海洋深部生物圈中，深古菌占据了古菌总量的 10%～100%（平均为 30%～60%）。这些研究表明深古菌的分布不仅仅局限于陆地环境。随着宏基因组学的不断发展，在河口沉积层（Lazar et al.，2015）、盐沼泽地（Seyler et al.，2014）、地下水层（Evans et al.，2015）等生境中也发现大量深古菌分布，证明了深古菌的广泛分布特性。据推测，深古菌是迄今为止发现分布最为广泛的未培养古菌门类，并且细胞数量庞大，在自然界中达到 $(2.0～3.9) \times 10^{28}$ 个细胞，是地球上含量最丰富的微生物之一（He et al.，2016）。

4. 深古菌的多样性

对深古菌的认知过程与分子生物学发展息息相关，深古菌的多样性研究和亚群（Subgroup）建立也是一个不断发展的过程。2018 年，深圳大学李猛课题组使用 SLIVA SSU 128 中的深古菌的 16S rRNA 基因序列，将深古菌分为 25 个较为明确的亚群（Zhou et al.，2018），不同的深古菌亚群之间 16S rRNA 基因序列的相似度为 75%～94%，表明深古菌具有较高的类群多样性。此外，基于宏基因组数据，一些研究已经开始对深古菌不同亚群的生理生化功能和分布环境进行比较。通常认为垂向上深古菌群落结构与沉积物地球化学分层无关，但是与沉积物深度和硫酸盐浓度以及氧化还原电位、沉积物年龄和有机质惰性程度有关（Zhou et al.，2018）。另外 Fillol 等（2016）对公共数据库中的深古菌 16S rRNA 基因序列以及其来源进行了分析，发现深古菌的各个亚群在不同盐度环境中的分布具有一定的规律，其中 8 个亚群对于不同盐度环境具有选择性。Xiang 等（2017）对陆源深古菌进行了调查，发现其各个亚群之间以及与其他古菌门类之间有潜在相关性。He 等（2016）对来自不同生境、归属于不同亚群的深古菌基因组的功能性基因进行了分析，只在其中部分基因组中发现了乙酰辅酶 A 途径和产乙酸途径。这些研究为深古菌的研究开启了新的思路，是未来深古菌研究的一个重要方向。

1.3.6 奇古菌门（Thaumarchaeota）

1. 奇古菌的发现

1992 年，德隆（DeLong）和富尔曼（Fuhrman）等利用 PCR 扩增、克隆和测序在海水中检测到古菌 SSU rRNA 基因序列。系统发育分析发现海洋古菌形成三个系统发育簇[①]，分别为海洋古菌 I（Marine Group I，MG-I），海洋古菌 II（Marine Group II，MG-II），海洋古菌 III（Marine Group III，MG-III）（DeLong，1992；Fuhrman et al.，1992）。其中，MG-II 和 MG-III 属于广古菌门，而 MG-I 与嗜热泉古菌形成一个姊妹群但未形成独立的分支，因此被归入泉古菌门，这两项研究首次揭示了以 MG-I 为代表的古菌在非高温环境中广泛存在，非高温泉古菌（non-thermophilic Crenarchaeota）的名称由此而来。

Schleper 等（2005）对 1344 个古菌 SSU rRNA 基因序列进行了系统发育分析，结果与 DeLong 等对 MG-I 的划分一致，在系统发育树上 MG-I 与嗜热泉古菌同属一个大的分支。这个系统发育分析的序列涵盖了古菌的所有门和来源于各种环境的克隆子，代表了较为完整的古菌系统发育关系，因此这个划分系统得到广泛认可。此后在土壤、沉积物、淡水、河口、海湾及污水处理系统等中温环境中发现的这类古菌都曾被当作非高温泉古菌。

后来，对更多新发现的非高温古菌 SSU rRNA 基因序列和其他分子标记物进行的分析均不支持非高温泉古菌由嗜热泉古菌进化而来的假设，而揭示其可能代表古菌域中一个独立的系统发育分支。基因组学、生理生态特征等分析也显示非高温泉古菌与嗜热泉古菌具有明显不同的特征。因而专家建议将这些古菌（非高温泉古菌）划分为一个新的门，成为古菌域的第三个主要类群——奇古菌门（Thaumarchaeota）（Brochier-Armanet et al.，2008）。希腊语"Thaumas"指"wonder"（奇妙的）。"奇古菌门"提出来以前，在许多环境如土壤、海洋、浮游生物、沉积物等中检测到大量古菌的 16S rRNA 基因以及后来发现的古菌氨单加氧酶基因（amo），这些基因序列所代表的古菌堪称地球

---

① 簇：cluster，一些具有相同特点的集群。

上分布最广泛、数量最多的一类微生物。MG-I 是分布最为广泛和常见的奇古菌。

奇古菌在环境中的巨大数量和高度多样性暗示其在生态系统中可能发挥重要作用，早年通过同位素示踪技术和对古菌类脂的分析发现，奇古菌能利用 ^{14}C-无机碳和 $H_2^{13}CO_3$ 进行自养（Pearson et al.，2001；Wuchter et al.，2003）。2004 年和 2005 年，两个对海洋和土壤样品进行的宏基因组学研究揭示奇古菌基因组中含有类似细菌编码氨单加氧酶的结构基因 *amoA*、*amoB* 和 *amoC*（Treusch et al.，2005；Venter et al.，2004）。随后 Konneke 等（2005）从海洋中成功分离培养到第一株奇古菌——海洋氨氧化古菌（*Nitrosopumilus maritimus*），证实了这类古菌通过催化氨氧化获取能量进行自养生长的代谢特征，它们也因此被称为氨氧化古菌（ammonia-oxidizing archaea，AOA）。AOA 的发现，不仅改变了近百年来人们对氨氧化过程主要由细菌驱动的认识，也为揭示奇古菌门的生理代谢特征及其在自然界物质转化尤其是氮和碳循环中的作用开启了新的篇章。

中国学者贺纪正课题组最早于 2005 年左右开展了 AOA 的分子生态学研究，利用定量聚合酶链反应（qPCR）、变性梯度凝胶电泳（DGGE）和克隆测序等方法，对不同土壤包括酸性红壤、碱性潮土、高氮牧草地土壤和低氮高原冻土中 AOA 和氨氧化细菌（ammonia-oxidizing bacteria，AOB）的多样性特征及其与土壤环境因子的相互关系进行了一系列研究。发现 AOA 在我国南方酸性红壤中（pH 为 3.7～6.0）大量存在且丰度大于 AOB，其组成对长期施肥所导致的土壤性质（尤其是酸度）的变化比 AOB 更敏感，二者的丰度均与土壤的硝化潜势呈显著正相关；但在中性和碱性土壤中则相反，AOA 的数量和组成对不同施肥处理、氮投入水平、土地利用方式或海拔梯度变化等没有明显响应，而 AOB 的变化则很明显。在大区域尺度上，土壤 pH 是影响 AOA 和 AOB 分布的主要驱动因子。这些研究结果揭示了 AOA 对不同环境条件变化的响应差异以及影响其分布的主要驱动因子，暗示了酸性土壤中 AOA 对土壤硝化作用的贡献可能更重要。

2. 奇古菌的多样性与特征

近来的研究结果为我们展示了奇古菌的更多令人惊奇的特征，如在氨氧化和固碳方面，AOA 还表现出更多与 AOB 不同的生理生化和遗传特征，虽与 AOB 氧化氨的机理相同，即经氨单加氧酶（AMO）将氨氧化为羟胺（NH_2OH），再进一步氧化为亚硝酸根，但在古菌的基因组中一直未能找到与细菌类似的羟胺氧化酶（HAO）同源体及其编码基因（hao），其可能通过完全不同的酶复合体进行羟胺的氧化（Vajrala et al.，2013）。此外，不同于 AOB 通过卡尔文循环固定碳，AOA 通过更节省能量的 3-羟基丙酸/4-羟基丁酸途径固定 CO_2 进行自养生长（Konneke et al.，2014；Walker et al.，2010）。除自养代谢外，AOA 还有有机碳代谢途径，能够直接利用有机碳源，可进行混合营养型生长。从酸性海水中还培养获得两个专性混合营养生长的 AOA 菌株，能同时营化能自养固碳并耦合同化吸收海水中的有机物质，再次揭示了奇古菌多样的生理代谢方式及其在海洋生态系统食物网中的重要作用。最近还发现 AOA 也是 N_2O 排放的主要贡献者，除已证实其在硝化作用过程中产生释放 N_2O 外，在 AOA 模式菌株 *Nitrosopumilus maritimus* SCM1 中还发现了编码亚硝酸盐还原酶的 nirK 基因，其在低氧条件下表现出较高的反硝化作用潜力（Walker et al.，2010）。在海洋、土壤和淡水沉积物等环境中也检测到丰富的奇古菌的 nirK 基因，指示奇古菌也广泛参与了反硝化作用，进一步说明其在整个氮循环中起着非常重要的作用。

除参与碳氮循环外，还发现 *Nitrosopumilus maritimus* 中存在甲基膦酸的生物合成途径，可生成细胞相关的甲基膦酸酯。最近的研究还发现另一株 AOA 加尔加亚硝化球菌（*Nitrososphaera gargensis*）可通过氰酸酶的作用代谢利用氰酸盐（cyanate），将其转化为铵以供给自身进行氨氧化作用（Palatinszky et al.，2015）。氰酸盐为氢氰酸的氧化产物或者尿素水解的产物，性质不稳定，在自然环境中不会大量长期存在，但在低浓度条件下可在海水中长期存在，其可能通过 AOA 的代谢作用促进了海洋氮循环过程。AOA 对氰酸盐代谢能力的发现再次挑战了人们对微生物驱动的氮循环的认识，也再次向我们展示了奇古菌的高度多样性和令人惊叹的生理代谢特性和功能。

除以上 AOA 外，Muller 等（2010）在河口浅水区富含硫酸盐（几百微摩尔每升到几毫摩尔每升）的环境中也发现一些古菌的聚集物，它们在树根、石头、沉水木材等表面聚集生长成长丝状，最长可达 30mm，因其 rRNA 基因与 *Nitrosopumilus maritimus* 的相似性超过 97%，故命名为巨大奇古菌（*Gignathauma*）。其与细菌共生关系的发现再次体现了奇古菌种类、形态和生理代谢特征的多样性，也为奇古菌门的单独划分提供了支持，但目前还不确定是否所有奇古菌均具有氨氧化能力，部分奇古菌可能具有其他能量代谢途径。

奇古菌具有高度的多样性，并在各种环境中广泛分布，但目前对其生理代谢、遗传特征和生态功能的认识仅仅是冰山之一角。迄今为止仅得到约 10 株 AOA 富集培养物，除进一步加强对奇古菌的分离培养研究外，借助新一代高通量测序、宏转录组学和单细胞分析技术，并结合各种原位分析手段（稳定同位素探针和二次离子质谱技术）和其他地球化学研究方法，探索奇古菌在生态系统元素和物质转化中的功能作用及其中的遗传机理是今后研究的重点。

1.3.7　海洋异养浮游古菌（MG-II）

早在 1992 年，海洋古菌Ⅰ（MG-I）和海洋古菌Ⅱ（MG-II）即被发现，这是首次发现海洋中存在大量未被培养和认识的古菌。MG-I 作为海洋氮循环的重要参与者得到了较为深入的研究并成功获得纯的菌株。相比于 MG-I 而言，关于 MG-II 的研究却一度进展缓慢，主要原因是该类群一直难以获得纯培养的菌株，阻碍了我们对它在海洋生态系统中所发挥的重要作用的深入了解。关于 MG-II 研究的突破性进展是在 2012 年，Iverson 等（2012）利用生物信息学的方法，从位于西北太平洋的普吉特海湾（Puget Sound）分离得到第一个 MG-II 的全基因组序列，命名为 MG2_GG3，其丰度占整个宏基因组的 10%。该 MG-II 基因组的发现，为我们拉开了理解该类群生态功能的序幕。与其他进化距离邻近的古菌类群相比，该 MG-II 含有较高丰度的蛋白酶和脂酶，表明它在海洋有机碳的利用方面可能效率较高，它还具有视紫红质基因，表明在利用光能方面具有潜在能力，这与前期报道的它在海水表层中的高丰度分布相一致（Mincer et al.，2007）。随后，Martin-Cuadrado 等（2015）报道了地中海叶绿素最大层发现的一株 MG-II 基因组，命名为海古菌（*Thalassoarchaea*）。海古菌与 MG2_GG3 一样，含有丰度和多样性较高的肽酶，提示它们对蛋白类有机质的降解作用。海古菌还含有一个特征性的琼脂酶，该酶能够降解海洋中大部分藻类产生的多糖，使得海古菌可能具备利用海洋中各种类型的有机碳源的能力。另外，海古菌含有柔红霉素及博来霉素等有害物质的转运蛋白，提示它可能对蓝藻勃发产生的毒素具有一定的抗性。MG-II 在海洋中分布广泛，含有大量与有机质降解及光能利用相关的基因，因此我们推测它们在海洋有机质降解过程中挥发着重要的作用。

1. MG-II 的分布、多样性及控制因素

张传伦团队于 2015 年综述了 MG-II 在全球不同环境中的分布，揭示了 MG-II 在温带、热带以及极地海洋中，均存在广泛的分布（Zhang et al.，2015）。MG-II 在边缘海的分布呈现出较强的地域性，可能与不同区域陆源输入情况的季节性差异有关，提示陆源输入引起的海洋环境变化会显著影响 MG-II 的分布。另外，MG-II 在海洋中的分布也会受到洋流活动的显著影响。比如，张传伦团队在南海北部水体的研究证明，物理海洋过程是影响 MG-II 分布的重要因素（Liu et al.，2017）。在南海东北部靠近吕宋海峡的位置，MG-II 从表层水到底层水一直都是古菌的绝对优势类群。在所有层位中，MG-II 占古菌的比例都高于60%，而且其丰度都远远高于 MG-I。这推翻了之前报道的 MG-II 主要在表层海水中分布的结论。MG-II 在该区域的特异性分布，可能与南海东北部强烈的水体混合过程相关联。MG-II 的分布与叶绿素 a 和光合细菌也具有普遍的关联性（Orsi et al.，2016）。

在分子分类上，早期的研究将 MG-II 与热原体（Thermoplasma）和产甲烷古菌聚为一类（DeLong，1992；Fuhrman and Davis，1997；Massana et al.，2000）。但是，一系列研究发现，MG-II 可以分为 MG-IIa 和 MG-IIb 两大类，之后又发

现一个序列较少的分支——MG-IIc（Fuhrman and Davis，1997；Massana et al.，2000）。后来，Galand 等（2010）又将地中海海岸区中扩增得到的 MG-IIa 序列分为三个亚群，将 MG-IIb 分为两个亚群。

对于 MG-II 多样性的研究得益于高通量测序和宏基因组技术的发展，在河口区、边缘海及开阔大洋中均发现多样性较高的 MG-II。来自不同海域的越来越多的数据显示，MG-II 的多样性高于 MG-I。MG-I 的 16S rRNA 基因序列的平均相似度＞94%，而 MG-II 的 16S rRNA 基因序列的平均相似度仅为 85%（Massana et al.，2000）。Liu 等（2009）在墨西哥湾海域观测到 MG-II 在表层海水的多样性较高，随着深度的增加而降低。Bano 等（2004）在北冰洋也发现类似的现象，表层海水、混合层及盐跃层中 MG-II 的类群差异显著，在表层海水的分布显著高于底层海水。Galand 等（2009）也发现 MG-II 在北冰洋上层流及冬季对流水中的多样性较其他区域高。这些研究均表明，MG-II 的多样性受到水深或水团的影响。张晓华团队对珠江口不同盐度条件（15‰～30‰）下 MG-II 的多样性变化进行分析，发现高盐度海水中 MG-II 的多样性高于低盐度海水中，表明盐度也是控制其多样性的重要因素（Liu et al.，2014）。

2. MG-II 的生态功能及对生物地球化学循环的影响

尽管 MG-II 广泛分布在海洋的各类环境中，但对于 MG-II 的生态功能及其生物地球化学循环尚知之甚少。在地中海海岸带站点中，MG-IIa 和 MG-IIb 在不同季节的差异性变化显示它们可能受到不同季节的温度、营养盐及氧气浓度的调节作用（Hugoni et al.，2013）。MG-II 在表层海水的广泛分布（Massana et al.，2000）及与颗粒物浓度的相关性使我们推测有机碳与光可能是 MG-II 的能量来源。

MG-II 的光能捕捉能力最早可从分离到的 MG-II 基因片段中含有视紫红质基因得以证实（Frigaard et al.，2006），因为视紫红质被认为是获取光能的关键基因（Beja et al.，2000）。视紫红质可通过产生光能驱动的化学渗透梯度来支撑光能异养生态系统（Beja et al.，2000；Frigaard et al.，2006；Iverson et al.，2012）。张传伦团队对珠江口水体古菌类群进行的连续一年的观测发现，季节性的光强对于珠江口表层 MG-II 的分布有着显著影响；通过宏基因组的方法，发现第一个河口环境的 MG-II 基因组，其基因组拼接完整度约为93%，是一个较完整的 MG-II 基因组（Xie et al.，2018）。尽管该基因组与另外两个表层海水 MG-II 基因组一样，均具有视紫红质基因，但其丰度与季节性的光强成反比，表明河口环境的 MG-II 的生长在高光强季节受到抑制，而视紫红质基因可能在低光强的季节对 MG-II 的生长起到能量补充的作用（Xie et al.，2018）。

MG-II 的另外一些生理生化特征可以通过克隆得到的长基因片段（Beja et al.，2000）及宏基因序列（Iverson et al.，2012）反映出来。Beja 等（2000）在美国加利福尼亚海岸带首次克隆得到一条 60kb 的 MG-II 的基因片段，该基因片段含有一些独特的蛋白表达区，如有一段表达了蛋白水解酶，另外一些基因片段则可能是通过基因水平转移从细菌中获得。Iverson 等（2012）利用宏基因组技术从太平洋西北区普吉特海湾拼接出第一个完全的 MG-II 基因组，推测该 MG-II 类群具有运动能力、光能异养型、可降解蛋白和脂类等生理生化特征。

3. MG-II 与其他生物的相互作用关系

1）MG-II 与藻类的相互作用关系

海洋异养细菌与藻类的相互作用已经得到较多的研究，如互利关系（包括改善宿主藻的营养状况及提供协同保护等功能）和抑制或拮抗关系（包括营养竞争、释放化学毒素、溶藻等）。张传伦团队通过对珠江各盐度梯度下古菌的定量、群落结构等分析，发现 MG-II 16S rRNA 基因的量在咸淡水混合区可高达 5.4×10^8copies/L，这一数值比之前报道的最高 MG-II 的量要高出 54 倍，表明 MG-II 对珠江口咸淡水混合区的适应性（Xie et al.，2018）。在该区域一共发现 8 个 MG-II 的分类单位（OTU），其中，丰度最高的 MG-II 的 OTU 与三个硅藻 OTU、一个绿藻 OTU 及一个甲藻 OTU 呈现正相关，这些发现与 2015 年"塔拉海洋"（*Tara* Oceans）研究团队的研究结果相一致（Lima-Mendez et al.，

2015)，表明 MG-II 与上述藻类类群存在互利关系。但是，目前关于 MG-II 与藻类的相互作用关系，均是基于共存在关系或者基因组信息的推测，验证这些相互作用关系，仍有待于实验室内的培养实验的开展。

2）MG-II 与细菌和浮游植物的相互作用关系

MG-II 与异养细菌之间存在较密切的生态关系。这些微生物之间的代谢关系可能是在对颗粒态有机物的降解和对溶解态有机物的利用基础上建立起来的。在真光层，MG-II 与浮游植物、原绿球藻，以及其他未分类的光合细菌具有显著的相关性。这种相关性表明浮游植物和光合细菌很可能是 MG-II 的重要食物来源，研究表明 MG-II 确实能够利用这些光合自养生物产生的蛋白质（Orsi et al.，2016）。南海东北部水体中 MG-II 的丰度和细菌的丰度呈现显著的相关性，而且很可能是全球性的，这种相关性关系在附着态 MG-II 和细菌之间尤其显著（Liu et al.，2017）。

3）MG-II 与病毒的相互作用关系

病毒是海洋中丰度最高的生命形式，它们在全球生物地化循环和能量流动中扮演着关键性的角色。在海洋生态系统中，细菌和古菌驱动了主要的营养元素循环，而病毒通过裂解原核生物控制微生物群落的动态平衡和生物多样性。比如，海洋光合浮游生物的暴发往往因为随后病毒对其宿主的杀灭作用而终止。因此，海洋病毒可以通过这种间接手段在海洋碳、氮、磷元素循环和生态系统功能调节中发挥重要作用。尽管目前 MG-II 在海洋中广泛分布，关于 MG-II 的病毒的报道仍然很少，Philosof 等（2017）利用宏基因组的研究方法，发现了海洋水体中存在大量以 MG-II 为宿主的病毒株，并将它们命名为 Magroviruses（MArine GROup II viruses）。尽管没有纯培养菌株的验证，这些宏基因组的发现提示，MG-II 是海洋中广泛分布的 Magroviruses 的宿主菌。它们之间的相互作用关系，可能对 MG-II 参与的海洋有机碳的循环有着重要的影响。

4. MG-II 的未来研究方向

目前，古菌被认为在全球海洋碳循环中发挥着与细菌相当的作用，共同影响着全球气候的变化。2015 年张传伦团队曾提出对海洋古菌的研究（包括 MG-I 和 MG-II）可聚焦在以下四个主题上：①发掘更多的 MG-II 的宏基因组及单细胞基因组；②富集培养并研究 MG-II 的生理生化特性；③评价 MG-II 细胞膜组成及海洋四醚脂的生物源；④评价古菌与细菌在转化海洋惰性溶解有机碳中的相对效率（Zhang et al.，2015）。近几年随着 MG-II 各项研究的进一步开展，又涌现出一些新的研究热点，主要包括以下五点：①MG-II 对光强的响应的机制研究；②MG-II 与藻类的共变化机制研究；③MG-II 与细菌以及其他古菌类群之间的生态关系研究；④MG-II 病毒对其分布的调控及机制研究；⑤MG-II 的演化是否只在海洋中存在。在以上研究热点中，最具挑战的仍然是 MG-II 的富集和培养，应该集中全力尽快攻克这一瓶颈问题。

1.3.8　海洋底栖古菌

该生境中古菌的群落多样性复杂，具有代表性的广古菌系统发育分支包括海洋底栖古菌类群 D（Marine Benthic Group D，MBGD）/MG-III、海洋底栖古菌类群 E（Marine Benthic Group E，MBGE）等，具有代表性的泉古菌系统发育分支包括海洋底栖古菌类群 B（Marine Benthic Group B，MBGB），另外还有深古菌等。在海洋沉积物中，MBGB 和深古菌是目前认为丰度最高的两个古菌类群。有文献推测 MBGB、深古菌这两大类群能够在海底沉积物的较深层通过厌氧甲烷化作用吸收利用有机碳，但目前尚不清楚它们在这一过程中的贡献比率。海拉古菌（Helarchaeota，原名为 South-African Gold Mine Miscellaneous Euryarchaeal Group，SAGMEG）在海洋沉积物缺氧层中广泛存在，且适应的温度范围为 4～80℃。基因组学研究表明，该类群和广古菌具有多种类似的生理代谢途径，由于其可以进行 CO 和 H_2 的氧化，因此在沉积物次表层可以大量存在。同时，海拉古菌具有耦合硝酸还原到氨的潜在能力。

深古菌门广泛分布于陆地、淡水、热泉以及热液环境中，是地球上含量最丰富的微生物之一（He et al.，2016；Meng et al.，2014）。该类群已在前面有详细介绍，不再赘述。

乌斯古菌门（Woesearchaeota，原深海热液口古菌类群 6，Deep-sea Hydrothermal Vent Euryarchaeota Group 6，DHVEG-6）属于 DPANN 超门，其命名是为了纪念卡尔·乌斯对生物进化分类学的突出贡献（Castelle et al.，2015）。乌斯古菌门目前被分为 26 个亚族，广泛分布于沉积物、地下水、土壤和深海热液等环境中（Castelle et al.，2015；Liu et al.，2018a）。基因组分析发现乌斯古菌缺少完整的电子传递链和三羧酸循环以及持续的糖酵解途径，但是具有完整的磷酸戊糖途径以及一些发酵代谢过程，暗示其共生或者发酵的生活方式（Castelle et al.，2015；Liu et al.，2018a）。例如研究发现乌斯古菌与产甲烷古菌存在良好的共现性关系，很可能以代谢互补方式与产甲烷古菌存在共生关系（Liu et al.，2018a）。

MBGD 新近被命名为热原体目（Thermoprofundales），属于热原体纲，在海洋沉积物、海洋热液口和红树林沉积物中具有极高的丰度（Zhou et al.，2019）。热原体目目前被分为 16 个亚族，盐度是其分布的主要影响因素，其与洛基古菌门（Lokiarchaeota）的较高的关联度，指示了两者之间潜在的协作关系（Zhou et al.，2019）。基因组分析发现它具有潜在的降解胞外碎屑蛋白的能力，但未检测到涉及碳水化合物同化吸收相关基因，暗示多肽可能是其唯一碳源（Lloyd et al.，2013；Lazar et al.，2017；Zhou et al.，2019）。在富含芳香化合物的加利福尼亚海湾瓜伊马斯（Guaymas）盆地热液沉积物中重建的热原体目基因组编码了芳香化合物降解的苯乙酸途径，且关键酶苯乙酰辅酶 A 连接酶（PCL）具有较高的转录活性（Liu et al.，2020）。此外，热原体目基因组中还含有乙酰辅酶 A 途径和二羧酸/4-羟基丁酸循环等自养固碳途径以及发酵产乙酸或者乙醇功能，表明其可能具有混合营养的生活方式（Zhou et al.，2019）。

洛基古菌（原深海古菌类群，Deep-Sea Archaeal Group，DSAG）广泛存在于深海和冷泉区沉积物中（Inagaki et al.，2006；Jorgensen et al.，2012）。洛基古菌属于阿斯加德（Asgard）超门（Zaremba-Niedzwiedzka et al.，2017），被认为是与真核生物亲缘关系相近的一种生物。阿斯加德古菌中存在一系列真核生物生物膜重建和细胞骨架相关的特征性蛋白，支持真核生物起源于古菌的生命两域学说（Spang et al.，2017）。深圳大学高等研究院李猛教授团队通过对 162 个完整或几乎完整的基因组进行分析，进一步扩展了阿斯加德超门的系统发育多样性，并将其中一个深层分支命名为悟空古菌（Wukongarchaeota），同时揭示了阿斯加德古菌中更多的真核生物标志性蛋白（Liu et al.，2021）。

日本研究团队井町宽之（Hiroyuki Imachi）等经过十多年的努力，成功分离培养出洛基古菌门的古菌菌株 *Candidatus* Prometheoarchaeum syntrophicum（MK-D1）（Imachi et al.，2020）。MK-D1 细胞直径约 550nm，结构简单，其体表有不寻常的长条形突起；其生长速度缓慢，与 *Methanogenium* 和 *Halodesulfovibrio* 营共生生活并具有氨基酸降解和产氢能力（图 1.8）。基于 MK-D1 的真核特征性蛋白以及生理特性研究，该团队还提出了新的真核生物起源模型——E3 模型，即纠缠（Entangle）-吞噬（Engulf）-俘获（Enslave）模型。

阿斯加德超门中的大部分古菌例如索尔古菌（Thorarchaeota）等同样也存在自养固碳、碎屑蛋白降解、产乙酸或硫/硫酸盐还原、亚硝酸盐还原等潜能（Lazar et al.，2017；Liu et al.，2018b；Seitz et al.，2019）；海拉古菌还具有厌氧烷烃氧化以及 CO 氧化结合亚硝酸盐还原等潜能（Baker et al.，2016；Seitz et al.，2019）；而海姆达尔古菌（Heimdallarchaeota）和新近发现的葛德古菌（Gerdarchaeota）可能存在微需氧降解有机质的代谢方式，后者还可能参与了纤维素的降解（Bulzu et al.，2019；Cai et al.，2019）。

1.3.9 附着或寄生、共生在海洋动植物上的古菌

通过分子生物学技术，研究人员在海绵当中发现了一株海绵共生泉古菌"*Cenarcheaum symbiosum*"（Preston et al.，1996），它是较早鉴定并进行了全基因组测序的常温古菌，泉古菌与海绵之间的相互依存关系引人注目。

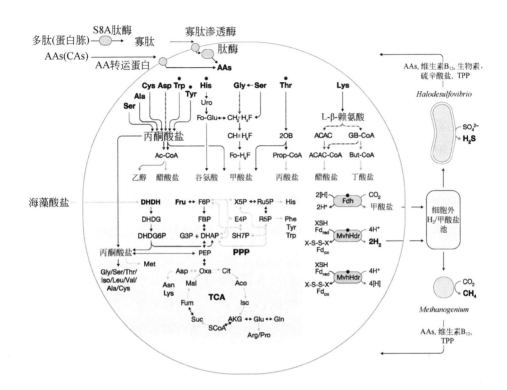

图 1.8　MK-D1 与 *Methanogenium* 和 *Halodesulfovibrio* 的共生以及对氨基酸的利用
（Imachi et al.，2020）

2OB. 2-氧代丁酸酯；ACAC. 乙酰乙酸酯；Ac-CoA. 乙酰辅酶 A；Aco. 乌头酸；AKG. α-酮戊二酸；Ala. 丙氨酸；Arg. 精氨酸；Asn. 天冬酰胺；Asp. 天冬氨酸；But-CoA. 丁酰辅酶 A；CH≡H₄F. 亚甲基四氢叶酸；CH₃=H₄F. 亚甲基四氢叶酸；Cit. 瓜氨酸；Cys. 半胱氨酸；DHAP. 磷酸二羟丙酮；DHDG. 2-脱氢-3-脱氧-D-葡萄糖酸；DHDG6P. 3-脱氢-3-脱氧-D-葡萄糖酸 6-磷酸；DHDH. 4,5-二羟基-2,6-二氧己酸酯；E4P. 4-磷酸赤藓糖；F6P. 6-磷酸果糖-；FBP. 二磷酸果糖；Fd. 铁氧还蛋白；Fd_ox. 铁氧还蛋白（氧化态）；Fd_red. 铁氧还蛋白（还原态）；Fo-Glu. 甲酰谷氨酸；Fo-H₄F. 甲酰四氢叶酸；Fru. 果糖；Fum. 富马酸/延胡索酸；G3P. 3-磷酸甘油醛；GB-CoA. γ-氨基-丁酰辅酶 A；Gln. 谷氨酰胺；Glu. 谷氨酸；Gly. 甘氨酸；His. 组氨酸；Isc. 异柠檬酸；Iso. 异亮氨酸；Leu. 亮氨酸；Lys. 赖氨酸；Mal. 苹果酸；Met. 甲硫氨酸；Oxa. 草酰乙酸；PEP. 磷酸烯醇式丙酮酸；Phe. 苯丙氨酸；PPP. 戊糖-磷酸途径；Pro. 脯氨酸；Prop-CoA. 丙酰辅酶 A；R5P. 5-磷酸核糖；Ru5P. 5-磷酸核酮糖；ScoA. 琥珀酰辅酶 A；Ser. 丝氨酸；Suc. 琥珀酸；TCA. 三羧酸循环；Thr. 苏氨酸；Trp. 色氨酸；Tyr. 酪氨酸；Uro. 尿刊酸酯；Val. 缬氨酸；X5P. 5-磷酸木酮糖；XSH/X-S-S-X. 硫醇/二硫键

1.4　古菌的代谢类型、繁殖方式及分离培养

1.4.1　古菌的代谢类型

古菌的代谢过程中，有许多特殊的辅酶（coenzyme）[①]，它们的代谢方式多样。根据能否直接把无机物合成有机物，可将古菌划分为异养型、自养型和不完全光合作用三种类型。古菌多数为严格厌氧（如产甲烷古菌及绝大多数极端嗜热菌）、兼性厌氧，也有专性好氧。

传统上根据生活习性和生理特性将古菌主要分成三类：产甲烷古菌、极端嗜盐菌和嗜热嗜酸菌。

产甲烷古菌主要分布在缺氧的海水和淡水水体中，也分布在动物的消化道内，它们通过利用细菌代谢的产物如 CO_2、H_2、乙酸和甲酸，在生成甲烷的过程中获取细胞生长繁殖所需要的能量。也可以将简单甲基化的有机物（如甲胺和甲醇）转化成甲烷。

极端嗜盐菌主要生活在高盐的环境中，比如晒盐场、盐湖和死海。主要是异养型，经常与光能自养的藻类有关，有趣的是，有些嗜盐菌在低氧有光照的条件下，能利用光能合成 ATP。

嗜热嗜酸菌（包括超嗜热菌）主要生活在陆地热泉和海底热液喷口，在有氧或缺氧的条件下异养或自养生活，主要通过硫的还原和氧化过程获取能量。

另外还有厌氧甲烷氧化菌，主要在缺氧的条件下，在深海硫酸盐环境中，利用硫酸盐氧化甲烷获取能量，与硫酸盐细菌共生。另外，奇古菌可以通过催化 NH_3 的氧化来获取能量。目前宏基因组学的快速发展使得对未培养微生物的研究有了突飞猛进的进展，古菌的代谢多样性远远还没有挖掘出来。

[①] 辅酶是一类可以将化学基团从一个酶转移到另一个酶上的有机小分子，与酶较为松散地结合，对于特定酶的活性发挥是必要的。

1.4.2　古菌的繁殖方式

古菌的繁殖方式多样，包括二分裂、芽殖、缢裂，以及一些没有被查明的繁殖方式。

1. 二分裂

一个古菌细胞壁横向分裂，形成两个子代细胞的分裂方式（图 1.9）。

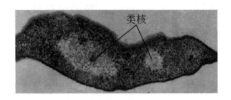

图 1.9　电镜下极端嗜盐古菌 *Halobacterium salinarum* 正在进行二分裂（Madigan et al.，2010）

2. 芽殖

细胞核邻近的中心体产生一个小突起，同时，水解酶分解细胞壁多糖使细胞壁变薄，细胞表面向外突出，逐渐冒出小芽。然后，部分增大和伸长的核、细胞质、细胞器（如线粒体等）进入芽内，最后芽细胞从母细胞得到一整套核物质、线粒体、核糖体、液泡等。当芽长到正常大小后，与母细胞脱离，成为独立的细胞。

3. 缢裂

细胞从表面中部向内部凹陷，细胞质内部形成环状微丝束，最后一分为二。

1.4.3　古菌的分离培养

到目前为止，绝大多数古菌都无法在实验室中纯化培养，只能通过环境宏基因组[①]检测来分析，限制了我们对其在地球生态系统中所发挥的重要作用的

① 环境宏基因组：以生态环境中全部微生物基因组 DNA 作为研究对象，不同于传统的可培养微生物的基因组，它同时包含了可培养和还不能培养的微生物的基因，通过克隆、异源表达来筛选有用基因及其产物，研究其功能和彼此之间的关系和相互作用，并揭示其规律。

深入了解。古菌的纯培养研究十分重要，只有得到了纯化的古菌，我们才能对其生理生态特征进行更深入的研究，更深入地了解其新陈代谢特征，有助于我们将它的特性应用到人类的生活中去。

1. 产甲烷古菌

目前已培养或获得全基因组的产甲烷古菌共有 8 个目：甲烷杆菌目、甲烷球菌目、甲烷微菌目、甲烷炙热古菌目、甲烷八叠球菌目、甲烷胞菌目、甲烷马赛球菌目和甲烷泡碱目。甲烷杆菌目细胞多呈杆状，利用 H_2、甲酸或醇类为电子供体，还原 CO_2 或甲酸盐产 CH_4，属于氢营养型。甲烷球菌目的细胞呈球状，利用 H_2/CO_2 或甲酸盐产 CH_4，属于氢营养型。甲烷微菌目细胞呈杆状、螺旋丝状及不规则状，利用 H_2/CO_2、甲酸或二元醇产 CH_4。甲烷炙热古菌目极端嗜热，最适生长温度为 100℃。甲烷八叠球菌目呈假八叠状、类球状或有壳的杆状，利用甲基类化合物或乙酸产 CH_4。甲烷胞菌目呈不规则杆状，有的后期呈似球状，利用 H_2/CO_2 产 CH_4，有的以甲酸盐作为电子供体，目前分离的 3 株甲烷胞菌均来自水稻土，是水稻根际甲烷排放的主要贡献者。甲烷马赛球菌目是近年来发现的一个甲烷古菌新目，只有一个纯培养物 *Methanomassiliicoccus luminyensis* $B10^T$，是从人粪便中分离到的一个新种，只能利用 H_2 还原甲醇产 CH_4，而不能利用甲酸盐、乙酸盐、三甲胺、乙醇和二级醇。

产甲烷古菌广泛分布于各种厌氧环境中，包括沼泽地、水稻田、淡水及海水沉积物、人和动物肠道等，与动植物及其他微生物构成了厌氧食物链。在有机质含量丰富、氧化还原电位低于 $-200mV$ 的厌氧环境中都有大量的产甲烷古菌活动。从水稻田、天然湿地及动物释放到大气中的甲烷气均是产甲烷古菌的代谢所为。氢营养型产甲烷古菌主要以 H_2 和 CO_2 产甲烷，但它们的底物不仅限于 H_2/CO_2，许多种也可利用甲醇和甲酸产生甲烷而获取能量。甲基营养型产甲烷古菌属于化能无机自养菌，但它们的 CO_2 固定过程不是通常自养菌的卡尔文循环，而是还原的乙酰辅酶途径。另外，一些氨基酸也可促进一些产甲烷古菌的生长。有的产甲烷古菌的生长需要酵母提取物或酪素水解物等复合添加物，某些瘤胃产甲烷古菌还需要支链脂肪酸。

所有产甲烷古菌都利用 NH_4^+ 作为氮源，少数菌种可固定分子氮（N_2）。产甲烷古菌的生长还需要微量金属元素镍（Ni），因为它是产甲烷辅酶 F_{430} 的组分，也是氢化酶和一氧化碳脱氢酶中的必要金属离子。铁和钴也是产甲烷古菌需要的重要微量金属元素。与细菌和其他生物不同，产甲烷古菌使用特异的一碳载体和辅酶，包括：甲烷呋喃（methanofuran，MFR），四氢甲烷喋呤（H4MPT），辅酶 M（2-巯基乙烷磺酸盐，2-mercaptoethane sulfonate），辅酶 F_{420}（黄素单核苷酸的类似物，在 420nm 紫外光激发下产生荧光），甲烷吩嗪（methanophenazine，膜结合的电子载体，似细菌的辅酶 Q），辅酶 B（HS-CoB）。

2. 极端嗜盐古菌

极端嗜盐古菌是一群生活在高盐环境（如盐湖、盐碱湖、晒盐场以及盐浓度高的土壤）中的微生物，代表了地球生命对高盐环境的极端适应能力。其一般定义是指最低生长 NaCl 浓度为 1.5mol/L（大约 9%），最适生长 NaCl 浓度为 $2\sim4$mol/L（12%$\sim$23%），乃至饱和盐浓度（NaCl 浓度 5.5mol/L，大约 32%）的一类古菌。极端嗜盐古菌经常被称为盐杆菌纲，取自第一个被描述以及研究最透彻的极端嗜盐古菌——嗜盐杆菌属（*Halobacterium*）的名称。我们已知极端嗜盐古菌的生长需要高浓度的钠离子，而钠离子主要分布在细胞的外部环境，为了抵御钠离子所产生的外部渗透压，嗜盐古菌细胞内部往往积累大量（$4\sim5$mol/L）的钾离子以维持渗透压的平衡。嗜盐古菌通常采用最节能的盐泵入（salt in）抗渗透策略，通过在胞内积累高浓度钾离子来耐受高盐环境。

所有的嗜盐古菌都是化能有机营养菌，大多数种为专性好氧菌。多数嗜盐古菌利用氨基酸和有机酸作为能源和碳源，有一些嗜盐古菌还可氧化碳水化合物，最适生长需要若干生长因子（主要是维生素）。嗜盐古菌的电子传递链系统含有 a、b 和 c 型细胞色素，通过由细胞膜驱动的化学渗透机制形成的质子动力获得能量。有些嗜盐古菌可以厌氧生长，以碳水化合物的发酵以及硝酸盐或延胡索酸盐的还原获得能量。

根据 16S rRNA 基因序列同源性，在《伯杰氏手册》中，极端嗜盐古菌属于盐杆菌纲的 3 个目：盐杆菌目（Halobacteriales）、富盐菌目（Haloferacales）

和无色盐菌目（Natrialbales）。主要属的鉴别特征如下。

嗜盐杆菌属：细胞呈杆状，培养后期可能出现多形态和球杆状的细胞。

盐盒菌属（*Haloarcula*）：细胞形态多样化，多呈平坦的三角形、四边形和不规则的盘状。

盐棒杆菌属（*Halobaculum*）：细胞呈长度不同的杆状，在蒸馏水中裂解，最适生长的盐浓度为 3.5～4.5mol/L NaCl，pH 范围为 5～8。

盐球菌属（*Halococcus*）：细胞呈球杆状，成对、四联、八叠状或不规则聚集排列。

富盐菌属（*Haloferax*）：细胞多样化，最常见的是多形态的杆状和平盘状。

盐几何型菌属（*Halogeometricum*）：细胞形态特别多样化，包括短和长的杆状、四边形、三角形和卵圆状。

无色嗜盐菌属（*Natrialba*）：细胞呈长度不同的杆状，有些菌株运动，革兰氏染色阴性。

嗜盐碱杆菌属（*Natronobacterium*）：细胞呈长度不同的杆状，后期可呈球杆状。

嗜盐碱球菌属（*Natronococcus*）：细胞呈球杆状，成对、四联、八叠状或不规则聚集排列。

嗜盐碱单胞菌属（*Natronomonas*）：细胞呈长度不同的杆状，后期可出现多形态和球杆状的细胞。

嗜盐碱红菌属（*Natronorubrum*）：细胞呈多形态的杆状，在蒸馏水中裂解。

嗜盐古菌的细胞在蒸馏水中通常会裂解，细胞多运动，革兰氏染色通常阴性。需中等浓度的 Mg^{2+}（5～50mmol/L），生长要求氨基酸，最适宜生长的盐浓度通常为 2～4.8mol/L NaCl，pH 范围为 5～8。

3. 嗜热嗜酸古菌

由卡尔·乌斯最早定义的泉古菌门包括大多数嗜热嗜酸古菌，细胞具各种形态，杆状、丝状及类球状等。大多数以呼吸代谢获得能量，个别物种可通过3-羟基丙酸/4-羟基丁酸途径固定 CO_2 自养生长。已培养的泉古菌门物种主要包括极端嗜热嗜酸古菌，形态多样，包括杆状、球状、丝状和盘状细胞；革兰氏染色阴性；专性嗜热，生长温度范围 70～113℃；嗜酸生长，生长 pH 达 2。该门只包括一个纲，热变形菌纲，5 个目 7 个科，分别是热变形菌目、除硫球菌目、硫化叶菌目、酸叶菌目和热球菌目。

4. 奇古菌

在奇古菌门中，也有几种 AOA 能被培养出来。Konneke 等（2005）通过富集和筛选的方法从热带海水水族缸中首次分离到了一株古菌 SCM1，这是最早报道的一株可培养的 AOA。SCM1 的基因序列与海洋氨氧化古菌具有同源性，在此之前，海洋氨氧化古菌的 *amoA* 基因在海水、海绵、污水处理系统、土壤等环境中均有发现。海洋氨氧化古菌 SCM1 可以氨氮为唯一能源进行生长，并将 NH_4^+ 转化为 NO_2^-。这一生长特性可以适应各种寡营养的海水或极端环境，因此也解释了为何很多自然环境中 AOA 的数量是 AOB 的数十倍，甚至数万倍。Tourna 等（2011）从菜园土壤中富集和分离到了一株 AOA，并命名为 *Nitrososphaera viennensis* EN76，这也是迄今为止分离到的第二株可培养 AOA，是唯一的一株来源于土壤的 AOA 菌株。与海洋型海洋氨氧化古菌 SCM1 相比，*N. vaennensis* EN76 生长的最高 NH_4^+ 浓度可达 20mmol/L，是海洋氨氧化古菌 SCM1 的 10 倍。

1.5　古　菌　病　毒

古菌病毒最早是在 1974 年从嗜盐古菌中分离出来的，从此拉开了古菌病毒研究的序幕（Torsvik and Dundas，1974）。从那以后，有超过 100 种古菌病毒被发现和描述。整体说来，这些古菌病毒主要分离自两种水域环境：极端地热环境（温度超过 80℃）和高盐环境。目前已经描述的古菌病毒均为 DNA 病毒[①]，它们的基因组为单链或者双链的 DNA，有环状的也有线形的。在种类数

---

① DNA 病毒是以 DNA 为遗传物质的生物病毒。DNA 病毒很少，绝大部分病毒都是 RNA 病毒。一部分噬菌体、天花病毒、花椰菜花叶病毒等是 DNA 病毒。

量上，目前发现的古菌病毒还不到细菌和真核生物病毒的 1%。尽管它们的种类有限，但是相比较于细菌和真核生物病毒，古菌病毒的形态具有丰富的多样性，例如细菌病毒多为头尾状，而古菌病毒包含多种形态（如纺锤状、酒瓶状、水滴状、多晶状、头尾状以及线形等）（Pina et al.，2011；Pietila et al.，2014；Wang et al.，2015）。2015 年，黄力课题组依据 2011 版国际病毒分类委员会（ICTV）有关病毒的分类目录整理了古菌病毒分类汇总表（表 1.1；Wang et al.，2015）。古菌病毒形态见图 1.10。

表 1.1 古菌病毒分类汇总表*（Wang et al.，2015）

病毒粒子形态	分类		物种类型	模式种	宿主	物种数量	基因组		
	科	属					大小/kb	类型**	int***
纺锤状	小纺锤形病毒科	α小纺锤形病毒属	SSV1	硫化叶菌纺锤形病毒 1	硫化叶菌	7	15.4	ds，C	+
		β小纺锤形病毒属	SSV6	硫化叶菌纺锤形病毒 6	硫化叶菌	2	15.6	ds，C	+
	双尾病毒科	双尾病毒属	ATV	喜酸菌双尾病毒	喜酸菌	1	62.7	ds，C	+
	未分类	嗜盐纺锤形病毒属	His1	His virus 1	盐盒菌	2	14.4	ds，L	-
		未分类	STSV1	腾冲硫化叶菌纺锤形病毒 1	硫化叶菌	2	75.3	ds，C	+
			PAV1	深渊火球菌病毒 1	火球菌	1	18.1	ds，C	-
			TPV1	普氏热球菌病毒 1	热球菌	1	21.5	ds，C	+
			APSV1	敏捷气热菌纺锤形病毒 1	气热菌	1	38.0	ds，C	+
瓶状	瓶状病毒科	瓶状病毒属	ABV	嗜酸瓶状病毒	嗜酸两面菌	1	23.8	ds，L	+
棒状	棒状病毒科	棒状病毒属	APBV1	敏捷气热菌杆状形态病毒	气热菌	1	5.2	ds，C	-
	未分类	未分类	ACV	气热菌螺旋圈病毒	气热菌	1	24.9	ss，L	-
水滴状	微滴状病毒科	α微滴状病毒属	SNDV	新西兰硫化叶菌微滴状病毒	硫化叶菌	1	20	ds，C	-
		β微滴状病毒属	APOV1	敏捷气热菌卵形病毒 1	气热菌	1	13.8	ds，C	+
线状****	脂毛病毒科	α脂毛病毒属	TTV1	热变形菌病毒 1	热变形菌		15.9	ds，L	-
		β脂毛病毒属	SIFV	冰岛硫化叶菌丝状病毒	硫化叶菌	6	40.8	ds，L	-
		γ脂毛病毒属	AFV1	喜酸菌丝状病毒 1	喜酸菌	1	21.9	ds，L	-
		δ脂毛病毒属	AFV2	喜酸菌丝状病毒 2	喜酸菌	1	31.7	ds，L	-
	小杆状病毒科	小杆状病毒属	SIRV2	冰岛硫化叶菌杆状病毒 2	硫化叶菌	3	35.4	ds，L	-
	未分类	未分类	SRV	栖冥河菌杆状病毒	栖冥河菌	1	28.1	ds，L	-

续表

病毒粒子形态	分类		物种类型	模式种	宿主	物种数量	基因组		
	科	属					大小/kb	类型**	int***
球状	小球状病毒科	小球状病毒属	PSV	热棒菌小球状病毒	热棒菌	2	28.3	ds，L	-
	未分类	未分类	STIV	硫化叶菌塔状病毒	硫化叶菌	2	16.6	ds，C	-
			SH1	嗜盐古菌球形病毒 1	盐盒菌/富盐菌	1	30.9	ds，L	-
			HHIV-2	西班牙盐盒菌正二十面体病毒 2	盐盒菌	1	30.6	ds，L	-
			PH1	盐湖西班牙盐盒菌病毒	盐盒菌	1	28.1	ds，L	-
多晶状	未分类	未分类	HHPV1	西班牙盐盒菌多形病毒 1	盐盒菌	2	8.1	ds，C	-
			HRPV1	盐红菌多形病毒 1	盐红菌	3	7.0	ss，C	-
			HRPV3	盐红菌多形病毒 3	盐红菌	1	8.8	ds，C	-
			HGPV1	盐几何多形病毒 1	盐几何菌	1	9.7	ds，C	-
头尾状	肌属病毒科	phiH 样病毒属	phiH	盐杆菌噬菌体 phiH	盐杆菌	1	59	ds，L	-
	长尾病毒科	psiM 样病毒属	psiM1	甲烷杆菌噬菌体 psiM1	甲烷杆菌	1	30.4	ds，L	-
	未分类	未分类	phiCh1	phiCh1	无色嗜盐菌	1	58.5	ds，L	-
			HF1	HF1	盐红菌	2	75.9	ds，L	-
			BJ1	BJ1	盐红菌	1	42.3	ds，C	+
			SNJ1	嗜盐古菌噬菌体 SNJ1	钠线菌	1	16.3	ds，C	-

* 这个古菌分类表是依据 2011 版国际病毒分类委员会有关病毒的分类目录整理而成，每个病毒科以其模式种作为代表。

** 基因组 DNA 的类型：ds. 双链 DNA 基因组（double-stranded DNA genome）；ss. 单链 DNA 基因组（single-stranded DNA genome）；L. 线状基因组（linear genome）；C. 环状基因组（circular genome）。

*** 根据病毒是否编码整合酶（Integrase）在后面加上标记"＋"和"-"（Wang et al.，2015）。

**** 线状病毒被归为古菌病毒唯一的目——线状病毒目

自从古菌病毒第一次被发现，其形态的多样性和基因的独特性，便吸引了学者们的注意，这些独特的基因在公共数据库里缺少同源基因（Pina et al.，2011）。在过去的 20 年间，对古菌病毒的认识有了极大的拓展，近年来人们开始逐渐关注古菌病毒生活周期各阶段的具体机制，如古菌病毒对宿主细胞的吸附和侵染、病毒的复制以及病毒的释放等。

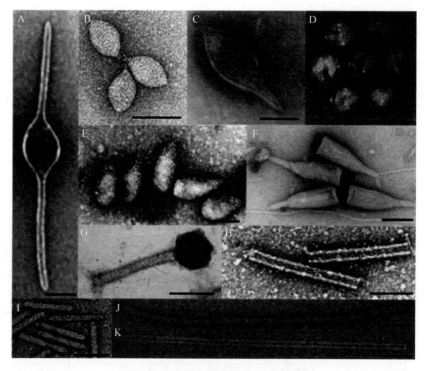

图 1.10 古菌病毒形态电镜观察图

A. ATV；B. SSV2；C. STSV1；D. STV2；E. SNDV；F. ABV；G. phiHl；H. ACV；I. APBV1；J. AFV2；K. SIRV2；比例尺：100nm（部分病毒名称对应的全称见表 1.1）（Wang et al.，2015）

1. 极端地热环境病毒

目前，科学家们已经从中国、美国、日本、意大利、冰岛等地的不同性质的热泉中分离到不同形状的类病毒颗粒，但目前对这些病毒的了解也仅限于形态观察（Rachel et al.，2002）。我国学者黄力等从云南腾冲热海已分离得到硫化叶菌（Xiang et al.，2003）等极端嗜酸热古菌及纺锤状的硫化叶菌病毒 STSV1（*Sulfolobus tengchongensis* spindle-shaped virus 1）（Xiang et al.，2005）。为了解云南腾冲热海高温酸性热泉中类病毒颗粒的多样性及特征，党亚锋等（2012）从腾冲热海 61～94℃酸性热泉富集液中分离纯化病毒颗粒，对病毒形态特征进行分析比较。结果显示分离的这些病毒形态与分离自美国、日本、冰岛等地的高温酸性热泉病毒形态基本相似，多数类似于硫化叶菌已发现的病毒，可见腾冲热海高温酸性热泉中类病毒颗粒具有一定的多样性。同时分离获得一株硫化叶菌病毒，该病毒的形态特征、形成抑菌斑的大小及宿主菌株的特性与分离自腾冲热海的第一株硫化叶菌病毒 STSV1 差异显著，可能为一株新的硫化叶菌病毒，故命名为 STSV2（图 1.11）。

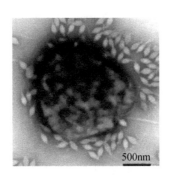

图 1.11　大小约为 220nm×80nm 的大纺锤状病毒 STSV2 及其宿主细胞（党亚锋等，2012）

2. 嗜盐古菌病毒

目前，被描述的嗜盐古菌病毒约有 70 株，它们主要寄生于广古菌门的盐杆菌科（Halobacteriaceae），包括 *Halorubrum*、*Haloarcula*、*Haloferax*、*Halobacterium*、*Halogranum*、*Halogeometricum*、*Natrialba* 和 *Natrinema* 等多个属（Atanasova et al.，2012）。这些嗜盐古菌病毒形态多样，以头尾状居多。国外对高盐环境中病毒的研究起步于 20 世纪 70 年代。Torsvik 和 Dundas（1974）从嗜盐古菌盐沼嗜盐杆菌（*Halobacterium salinarium*）中分离出第一株嗜盐古菌病毒 Hsl（*Halobacterium salinarium* 1 virus），就此拉开了嗜盐古菌病毒研究的帷幕。Atanasova 等（2012）较为系统地从 9 个地理位置相距较远的高盐环境中分离得到感染 4 个古菌属（*Halorubrum*、*Haloarcula*、*Halogranum* 和 *Halogeometricum*）的 45 株嗜盐古菌病毒。然而，国内对高盐环境中病毒的研究则起步较晚。2007 年，马延和与多国科学家合作对中国内蒙古巴嘎额吉淖尔盐湖中分离到的感染喜糖盐红菌的病毒 BJ1 进行了基因组测序及解析（Pagaling et al.，2007）。武汉大学生命科学学院陈向东课题组 2012 年介绍了可培养嗜盐古菌病毒的分离及多样性的研究和已形成的一系列的方法，如实验室敏感菌株筛选法、诱导方法、电子显微镜观察法、宏基因组法和脉冲场电泳法。还通过诱导的方法从分离自湖北应城盐矿盐岩样品的古菌（*Natrinema* sp.）中分离获得球形的溶源性病毒 SNJ 1（Mei et al.，2007；Zhang et al.，2012），这是首次从嗜盐古菌 *Natrinema* 属中获得球形病毒。有意思的是，SNJ 1 基因组的 DNA 序列与其宿主菌嗜盐古菌 *Natrinema* sp. J7-1 所具有的自然质粒 pHH205 完全相同，这显示了 SNJ 1 在溶源化宿主菌细胞中以质粒的形式存在，并且 SNJ 1 是目前唯一一株以染色体外遗传因子存在并复制的嗜盐古菌病毒（Zhang et al.，2012）。嗜盐古菌病毒的研究主要集中于对病毒的特征性描述，而对于嗜盐古菌病毒与其宿主间的相互作用机制鲜有报道（Liu et al.，2011）。中科院微生物所向华实验室以西班牙盐盒菌（*Haloarcula hispanica*）为宿主分别从辽宁绥丰和葫芦岛盐场高盐水样品中分离得到新的多形性嗜盐古菌病毒 HHSV-1（即 *H. hispanica* ssDNA virus-1）和 HHPV-2（即 *H. hispanica* dsDNA virus-2）（Li et al.，2014）。基于局部比对的搜索工具（Basic Local Alignment Search Tool，简称 BLAST）比对结果显示，HHSV-1 和 HHPV-2 在结构和序列上具有很高的相似性，这说明这两种基因组类型不同的病毒具有密切的亲缘关系。

近年来，古菌病毒的研究进展很快，但在总体上依然处于发展早期。目前已经得到的古菌病毒为数不多，且多数来源于极端嗜热古菌中的个别类群，如硫化叶菌属、嗜酸两面菌属以及热变形菌属（*Thermoproteus*）等。因此，关于古菌病毒的认识目前依然存在很大的局限性。随着古菌病毒研究的不断升温，病毒学家们将从地球上各种特殊环境（特别是极端环境）中分离出更多的病毒并对它们进行系统的研究。这些研究将全面更新人们对于自然界中形式多样的病毒的认识，并提供探寻生命起源与进化奥秘的新线索。根据对已经测序的古菌病毒基因组的分析，古菌病毒的绝大多数基因编码功能未知。不同类型的病毒包括感染同一类宿主的不同病毒常携带不同的基因，但是在地理上距离十分遥远的极端环境中分离出来的古菌病毒却可以在基因组上表现出惊人的相似性。因此，有人推测极端环境下的古菌病毒的未知基因及其编码的功能可能具有地球早期生命的特征。古菌病毒对研究地球上病毒本身的起源、三域生命的起源和进化以及病毒在地球生命的进化中所扮演的角色极具潜能，也很有可能会给科学家带来意想不到的发现和认识。

1.6 古菌膜脂

生物标志化合物是保存在沉积物中的、来源于生物的一系列具有特定生物属性的有机化合物，其结构等特征能够用于示踪某类生物或辨识某种生命过程。生物标志化合物的研究主要涵盖了四种生物化学组分：类脂物、蛋白质和DNA（RNA）、碳水化合物、木质素。相比而言，类脂物虽然不如核酸携带的生物学信息多，但是在地质体中更稳定，能够在许多环境条件下长期存留，分布也更为广泛，虽然也会受到降解作用影响，但其分子骨架能够保存下来，用于分析生物源信息，示踪生物在古环境中的活动。类脂物是细胞膜的主要组成成分，在外界环境变化时微生物合成的类脂物结构与组成也会发生变化，这种变化记录了环境因子如温度、湿度、pH、大气 CO_2 浓度等的改变。

甘油二烷基链甘油四醚（glycerol dialkyl glycerol tetraethers，GDGTs）是由微生物膜合成的拥有四个醚键的化合物，属于生物标志化合物的类脂物。微生物细胞膜一般由脂肪酸分子、甘油分子和一个极性头基（如磷酸基团或糖基）构成。带有极性头基的完整极性膜脂 GDGTs（intact polar GDGTs，IPL-GDGTs）一般被认为是由原位微生物产生的，可用于指示活体的或死亡不久的母源生物量。而在地质体中保存下来的常常是极性头基脱落之后的核心脂类 GDGTs（core lipid GDGTs，CL-GDGTs），CL-GDGTs 结构相对稳定，不易降解，能在地质体中长期保存，可作为古代的化石记录。目前发现沉积物中最早的CL-GDGTs 可追溯到中侏罗世。在本书中，没有特殊说明时，GDGTs 指的都是 CL-GDGTs。

具有类异戊二烯结构烷基支链的古菌 GDGTs 系列化合物（isoprenoid GDGTs，iGDGTs），可以构成单层分子膜，具有比双层分子膜更高的热稳定性。在早期，这被认为是极端微生物适应极端环境的结果。不断深入的研究发现，

iGDGTs 化合物亦广泛地分布于低温环境，如海相、湖相、土壤和泥炭中，且种类丰富、含量较高。同时，研究者利用二维核磁共振技术从泥炭和土壤样品中识别出了另一类 GDGTs 化合物，其烷基支链不具类异戊二烯结构。此类 GDGTs 化合物（branched GDGTs，bGDGTs）甘油立体结构属于细菌特征的 1,2-双-O-烷基-sn-甘油，而非古菌特征的 2,3-双-O-烷基-sn-甘油，因而 bGDGTs 被认为是细菌合成的（Schouten et al.，2013）。目前发现的 bGDGTs 含有 2～6 个甲基支链和 0～2 个五元环（图 1.12）。到目前为止，尚不清楚哪些细菌可以合成 bGDGTs，这限制了培养实验的进行。

1.6.1　古菌 GDGTs（iGDGTs）

在所有 iGDGTs 中，GDGT-0 和泉古菌醇（crenarchaeol）往往占最大比重。

GDGT-0 在实验室培养的古菌中是最常见的。除了嗜盐古菌（也不产任何其他常见 GDGT），它几乎在所有主要的古菌种属中都有发现。尽管目前已培养古菌的种类是很有限的，参照随机抽样的法则，我们完全可以根据实验室的经验推断 GDGT-0 在那些未被培养的古菌中也是常见的。过去的研究曾指出，GDGT-0 在嗜高温泉古菌、嗜高温广古菌、奇古菌和产甲烷古菌中都存在。

除了 GDGT-0，嗜热泉古菌和广古菌还合成含 1～4 个五元环的 GDGTs 化合物（Schouten et al.，2007a）。在美国黄石公园热泉样品中还发现了具有 5～8 个五元环结构的 iGDGTs（Schouten et al.，2007d）。目前和 MG-II 亲缘关系最近的已经成功分离培养的古菌是 *Aciduliprofundum boonei*，它是从深海热液喷口中分离出来的一株嗜热嗜酸的异养古菌，不仅可以合成含 0～4 个五元环的 GDGTs 化合物，还能合成少见的烷基链之间存在共价键的 T 型 GDGTs（Reysenbach and Flores，2008）。

含 0～4 个五元环的 iGDGTs 亦广泛分布于低温环境，如海洋、湖泊、泥炭和土壤。一般认为，低温环境中泉古菌可以合成 0～4 个五元环的 iGDGTs；非嗜热广古菌，如海洋浮游广古菌与冷泉环境中的厌氧甲烷氧化菌可以合成 0～2 个五元环的 iGDGTs。

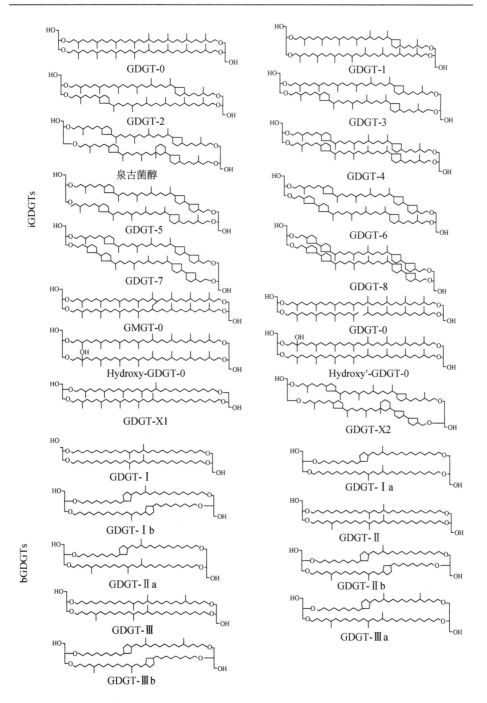

图 1.12　部分 iGDGTs（上）和 bGDGTs（下）结构示意图（Schouten et al.，2013）

值得特别提及的是，一种具有 5 个环的 GDGTs 化合物最先在海相沉积物中发现：该化合物含有 1 个六元环外加 4 个五元环，被命名为泉古菌醇（图 1.12）。在正常海相样品中，泉古菌醇是奇古菌的生物标志物，通常是最主要的 iGDGTs 化合物（Pancost et al.，2000；Damste et al.，2002；Schouten et al.，2002）。它在海洋和湖泊中广泛存在，而在土壤中含量较少，佐证了它的奇古菌来源。后来它也被指出在热泉中存在，暗示着一些嗜高温古菌也可以产生泉古菌醇（Zhang et al.，2006）。之后人们在 *Candidatus* Nitrosocaldus yellowstonii 和 *Ca.* Nitrososphaera gargensis 等嗜高温古菌中发现泉古菌醇占据着主导地位，印证了泉古菌醇嗜高温古菌来源的可能性（Schouten et al.，2013）。同时，在海洋泉古菌亲缘种 *Cenarchaeum symbiosum* 中，泉古菌醇占 GDGT 总量的 60%（Pancost et al.，2000）；海洋氨氧化古菌膜脂以泉古菌醇为主（Schouten et al.，2008b）。该化合物也被广泛地发现于其他低温环境，如湖相沉积物（Powers et al.，2004）、泥炭（Weijers et al.，2004）和土壤（Leininger et al.，2006；Weijers et al.，2007c）。这表明合成泉古菌醇的古菌广泛分布。

bGDGTs 的相对分布与 iGDGTs 一样，也被认为受到环境参数的影响（Weijers et al.，2007c）。不同于 iGDGTs 五元环数量与水体温度相关，bGDGTs 的五元环数量对应着生长环境里的 pH（Weijers et al.，2007c）。

为了弄清 bGDGTs 的来源，需要进行更广泛的环境调查，同时迫切地需要开展实验室培养，争取从纯培养样品中分离出 bGDGTs，确定前驱生物的生理特征及生态功能（Weijers et al.，2006）。

1.6.2 测试方法

一般来说，GDGTs 化合物具有较大的分子质量（大于 1000Da[①]），具有一定的极性（含有两个羟基和四个醚键），超出了气相色谱（GC）和气相色谱-质谱联用仪（GC-MS）的分析范围。在 2000 年以前，研究者主要采用化学降解法，将 iGDGTs 转化为双植烷系列化合物：首先使用 57%氢碘酸将 GDGTs

————————
① 1 Da=1.66054×10^{-27} kg

醚键断裂，然后用氢化铝锂（LiAlH$_4$）将得到的烷基卤化物转变成烃类（即双植烷），之后进行 GC 和 GC-MS 分析（Schouten et al.，1998）。该方法步骤烦琐，有一定的危险性，工作强度大。不过，在液相色谱-同位素比质谱（LC-IRMS）广泛商品化前，该方法仍适合于 GDGTs 单体碳同位素分析（GC-IRMS）。同时，该方法可以辅助进行新化合物结构鉴定。

Hopmans 等（2000）报道了可用于分析完整 GDGTs 化合物的高效液相色谱-大气压化学电离-质谱联用技术（HPLC-APCI-MS）。后续研究进一步完善了该方法（Huguet et al.，2006a；Schouten et al.，2007b）。液相色谱质谱联用技术的建立，极大地促进了 GDGTs 研究的发展。样品经过较为简单的前处理就可以直接上机分析，可以快捷地得到样品中的全部 GDGTs 化合物（包括 iGDGTs 和 bGDGTs）信息。此后，其他质谱技术（如离子阱质谱、飞行时间质谱、二次离子质谱）也被应用于 GDGTs 研究（Escala et al.，2007；Thiel et al.，2007）。

类似于磷脂脂肪酸，完整的古菌极性膜类脂物可以提供环境样品中存活的生物信息，不受已经死亡生物信息的干扰，可以更好地研究生物地球化学过程。Sturt 等（2004）建立了分析完整古菌极性膜类脂的高效液相色谱-电喷雾电离-离子阱串联质谱方法（HPLC/ESI-IT-MS^n）。随后，该方法在秘鲁近岸海底深层沉积物（Biddle et al.，2006）和 AOA 培养物中得到了应用（Schouten et al.，2008b）。而 Zhu 等（2013）利用反相液相色谱建立了新的检测方法：反相液相色谱-电喷雾-质谱（RP-LC-ESI-MS^n）。这种方法不仅能够分离不同极性头的脂类化合物，还能分离核心碳骨架上带有不同五元环与双键的化合物。这为带极性头脂类化合物的多样性提供了更多的信息（Zhu et al.，2014）。但 RP-LC-ESI-MS^n 方法存在缺陷：即使核心部分的结构存在差异，具有同一极性头的化合物仍然会共同溢出。因此，这样的分析会损失带极性头脂类化合物中核心结构所提供的有效信息。并且离子阱质谱虽然能鉴定化合物结构，但分辨率低、检测限高，应用并不广泛。近年，张传伦课题组使用了三重四极杆质谱中的多重反应监测（MRM）模式，即离子经历母离子选择-碰撞碎裂-子离子选择的过程后再被检测。这种模式经过两次离子筛选，能有效降低检测的噪声，突出目标化合物信号（Chen et al.，2016b）。目前，该方法在中国大陆土壤（Li et al.，2017）和南海深层沉积物中（Wang et al.，2017）得到了应用。

细菌和古菌之间的主要区别在于它们的细胞膜组成。细菌膜由甘油-3-磷酸酯脂构成，而古菌膜由甘油-1-磷酸酯脂构成。Caforio 等（2018）将控制古菌醚脂质生物合成途径的基因引入大肠杆菌中。这种大肠杆菌和预期的一样，其细胞膜包含古菌细胞膜脂。该实验表明，大肠杆菌可以被设计成具有古菌细胞膜质的微生物，且该细胞包含稳定的混合异手性膜脂。这种异手性混合膜可以用作这两种磷脂物质在原核膜中共存的生物模型。这一发现挑战了混合膜的内在不稳定性导致了"脂质分裂"以及细菌和古菌的分化这一理论。此外，这项研究为未来工业生产有机体的膜工程建立了理论基础。

第 2 章 古菌、细菌和真核生物

2.1 细菌 (Bacteria)

细菌这个名词最初由德国科学家克里斯蒂安·埃伦贝格 (Christian Ehrenberg) 在 1828 年提出。这个词来源于希腊语 βακτηριον，意为"小棍子"。细菌是生命三大域之一，是所有生物中数量最多的一类，据估计，其总数约有 5×10^{30} 个。细菌的个体非常小，目前已知最小的细菌只有 $0.2 \mu m$ 长，因此大多只能在显微镜下看到。细菌一般是单细胞，细胞结构简单，缺乏细胞核、细胞骨架以及膜状细胞器，例如线粒体和叶绿体。细菌的营养方式有自养及异养，其中异养的腐生细菌是生态系中重要的分解者，使碳循环能顺利进行。部分细菌会进行固氮作用，使氮元素得以转换为生物能利用的形式。

2.2 真核生物 (Eukarya)

真核生物是所有单细胞或多细胞的、具有细胞核的生物的总称。它包括所有动物、植物、真菌和其他具有由膜包裹着的复杂亚细胞结构的生物。真核生物与原核生物的根本性区别是前者的细胞内含有成形的细胞核，因此以真核来命名这一类细胞。许多真核细胞中还含有其他细胞器，如线粒体、叶绿体、高尔基体等。细菌作为原核生物，其细胞大小仅为真核细胞的十分之一至万分之一。

2.3 细菌和真核生物与古菌的差异

古菌和细菌/真核生物最重要的区别主要有以下两个方面：

　　（1）古菌和细菌/真核生物的 16S rRNA 明显不同，因此它们在系统发育树上是完全分开的两簇；

　　（2）古菌细胞膜和细菌/真核生物细胞膜的结构明显不同。首先，细菌/真核生物的细胞膜是双层的磷脂分子层，而目前发现的古菌的细胞膜绝大部分是单层的磷脂分子层；其次，古菌细胞膜上的脂类化合物和细菌的立体构型完全不同，细菌的脂类化合物的长碳链连接在甘油分子的 1 号和 2 号碳原子上（D 型甘油立体构型），而古菌的是连接在 2 号和 3 号位置上（L 型甘油立体构型）；最后，古菌脂类化合物的碳链骨架主要具有独特的类异戊烯烃结构，并有五元环或者六元环结构，而细菌的脂类化合物的碳链骨架主要具有链烷烃结构，更重要的是，在细菌的脂类化合物中，连接甘油分子和碳链的是酯键，而古菌中链接甘油分子和碳链的则是醚键。

　　古菌和细菌都属于原核生物，在形态上难以区分。由于古菌和细菌之间的遗传物质 16S rRNA 完全不同，我们可以据此利用分子生物学技术将其分辨；另外，古菌和细菌的细胞膜脂类化合物的明显不同，使得通过化学分析脂类化合物可以将二者区分开来。还有一些别的方法，比如只有古菌微生物产甲烷，而目前并没有发现任何细菌可以用古菌类似代谢过程产甲烷。

　　古菌与细菌可能由同一个祖先进化而来，在进化的过程中，它们选择性地继承和丢失一些特征，然后朝各自的方向发展，从而形成了一些共性和特性。有一些嗜热嗜酸古菌，被认为可能是地球上最早的生命。因为地球早期的环境和现代陆地热泉的环境十分相似，也有人认为生命起源于高温嗜热古菌。

　　有些古菌是可以和细菌友好共生的，比如在深海沉积物中，甲烷厌氧氧化古菌可和硫酸盐还原菌共生，它们一般形成聚合体，减少能量的流失。目前关于它们共生的可能的机理是，甲烷厌氧氧化的过程中，SO_4^{2-} 作为最终的电子受体，其产物是 HCO_3^- 和 HS^-。另外，甲烷厌氧氧化菌也可以和反硝化细菌共生。

　　古菌和细菌的竞争关系是普遍存在的。在同一环境中时，异养的古菌和细菌会竞争有机质和营养物质。它们之间的竞争的胜负受到环境因素的影响，例如海洋 AOA 对氨的亲和力比 AOB 高，因此在氨浓度很低的海洋中，AOA 就比 AOB 有优势。在有氧的环境中，甲烷氧化细菌能够利用甲烷获得能量，而在缺氧的环境中则是甲烷氧化古菌的天下。虽然甲烷厌氧氧化古菌可以和硫酸盐还原菌因共生关系而和平共处，但是它们之间也有竞争的时候，因为硫酸盐还原菌可以不依赖于甲烷厌氧氧化菌的共生而单独存在，此时它们因争夺有机质而形成竞争关系。

2.4　真核生物与古菌的演化关系

古菌和细菌在细胞结构和代谢方面具有很多相似的特征，比如没有细胞核和细胞器，但是在 DNA 复制与修复、基因转录和翻译上，古菌却并不表现出细菌的特征，而是与真核生物十分接近，并且在细胞分裂、蛋白质分泌和细胞膜囊泡形成方面也和真核生物有相似的特征。因此，古菌比细菌更接近真核生物。

真核生物在遗传信息系统方面和古菌很相似，而在物质代谢方面是和细菌相似的，因此在 1999 年有科学家提出真核生物融合了古菌和细菌的特征。对于这一假设存在两种可能：一种可能是最原始的生命兼具古菌和细菌的特征，最原始的生命慢慢进化，在进化的过程中选择性保留了一些特征和丢失了一些特征，由于选择不同，慢慢地形成了既有共性也有特性的古菌、细菌和真核生物；也有可能是细菌和古菌先出现，然后在细菌和古菌的基础上融合了两者的特征从而形成了真核生物。

2008 年以来，陆续有研究报道了在某些泉古菌中发现其细胞分裂等系统方面也有和真核生物相似的地方，或者融合了真核生物和细菌的特征。因此有科学家推测古菌可能和真核生物有着共同的祖先，也有科学家推测古菌是从原核到真核的桥梁。

2015 年，科学家们在 *Nature* 刊文，宣布在北大西洋的海沟底部的样品中发现了一种新的古菌——洛基古菌，被认为是原核生物中与真核生物亲缘最近的类群。这个复杂的古菌类群连接起了原核生物和真核生物，也证明了真核生物正是从原核生物发展而来，而新发现的这种古菌就是桥梁。这种古菌中存在很多与膜泡运输和质膜变形相关的蛋白，而这些蛋白都是真核生物的特征性蛋白。这些膜泡运输和质膜变形相关的蛋白，很可能在原核细胞捕捉并内共生线粒体的过程中起着重要作用。通过基因组分析和蛋白质分析，发现这种古菌和真核生物在分类关系上非常接近，很可能就是真核生物的祖先（Spang et al.，2015）。进一步的理化性质、代谢特征，以及细胞学特性的研究，应该能够弄清真核生物从古菌起源的本质。这将为研究真核生物早期起源带来新的希望。

　　然而，2017 年，科学家帕特里克·福特雷（Patrick Forterre）和他的小组的研究分析表明（da Cunha et al.，2017），洛基古菌蛋白序列有不同的进化过程。个体标记系统发育显示至少有两个蛋白亚组支持乌斯假说（Woese hypothesis）[①]。值得注意的是，去除单一蛋白质，足以打破真核生物-洛基古菌的关系。其认为洛基古菌（Lokiarchaea）和广古菌门是姊妹进化关系，而与真核生物不是姊妹进化关系（da Cunha et al.，2017）。对于三域还是二域问题，科学家产生了激烈的争论。

　　总之古菌的基因组序列并未显示它与真核生物较细菌更近的系统发育关系，同时证实了它是独立于其他生命的第三生命形式。相信更多物种基因组的信息会为展示生物进化的自然面貌提供真实和丰富的材料。

2.5　细菌支链四醚膜脂来源

　　bGDGTs 的相对分布与 iGDGTs 一样，也被认为受到环境参数的影响（Weijers et al.，2007c）。不同于 iGDGTs 五元环数量与水体温度相关，bGDGTs 的甲基比例与温度相关，而五元环比例对应着生长环境里的 pH（Weijers et al.，2007c）。de Jonge 等（2014）使用改进的色谱法分离了 bGDGTs 化合物的 C_5-甲基与 C_6-甲基同分异构体，并发现 C_5-甲基-bGDGTs 的分布主要受温度控制，而 C_6-甲基-bGDGTs 分布受 pH 影响。但由于一直未发现 bGDGTs 的生物源，其分布与环境因素之间的关系一直难以得到生理实验的验证。Weijers 等（2007c）分析了瑞典某泥炭柱状剖面中的类脂物和 16S rDNA 基因，结果发现泥炭中的 bGDGTs 化合物的含量明显高于产甲烷古菌生物标志化合物，剖

[①] 乌斯假说认为宿主细胞独立演化而并非来源于古菌（三域生命树）。

面中主要的细菌类群隶属于酸杆菌门（Acidobacteria）。要产生足够高含量的 bGDGTs 化合物，需要一个较庞大的微生物群落支持，因此这种"孤儿"化合物很有可能是酸杆菌门中某类细菌合成的。后来，科学家在全球不同地区的土壤，湖泊、近海沉积物、河流入海口、泥炭等环境均检测到了 bGDGTs 化合物。而酸杆菌在土壤和泥炭等环境中普遍存在，和这种现象吻合。并且这种化合物的相对含量和酸碱度有紧密的关系，而酸杆菌门中大多数成员分布于酸性环境。这些信息似乎都将目标指向了酸杆菌门。但是，2013 年张传伦实验室报道，在美国内华达热泉中用纤维素进行原位富集培养和热泉自然样品分析，也检测了丰富的 bGDGTs 化合物，仿佛向科学家传递了一个信息——也许它们有多种生物源，嗜热菌也有可能是其中之一（Zhang et al.，2013）。

为了弄清 bGDGTs 的生物来源，需要进行更广泛的环境调查，同时迫切地需要开展实验室培养，争取从纯培养样品中分离出 bGDGTs，确定前驱生物的生理特征及生态功能（Weijers et al.，2006）。前期研究显示，最大的可能性是酸杆菌。经过七年（2011~2018 年）的研究，研究者从 46 株纯培养酸杆菌中鉴定出 2 株菌（*Edaphobacter aggregans* Wbg-1 与 Acidobacteriaceae strain A2-4c）能够合成少量的 bGDGTs 化合物，并推测长链二元酸（iso-diabolic acid）可能是合成 bGDGTs 的前体化合物（Sinninghe Damsté et al.，2011，2014，2018）。而近期的一项研究发现降低氧气浓度能激发 *E. aggregans* 产生更多的 bGDGTs（Halamka et al.，2021）。因此，研究者推测 bGDGTs 的合成可能需要触发条件，例如氧气限制。但此研究并未发现 *E. aggregans* 合成大量带有多个甲基或者五元环的 bGDGTs 化合物，妨碍了 bGDGTs 相关的生理研究。

然而，对于 bGDGTs 生物源的探索在 2022 年迎来了重要的突破。古菌四醚合成酶（tetraether synthase，Tes）的发现与鉴定为寻找细菌 bGDGTs 化合物的生物来源提供了新的线索（陈雨霏等，2022）。Zeng 等（2022）通过比对蛋白序列发现，古菌 Tes 的同源蛋白广泛分布于多个细菌门类的基因组中；而且细菌 bGDGTs 与古菌 iGDGTs 化学结构相似，于是研究学者推测细菌 bGDGTs 的合成途径可能与古菌 iGDGTs 类似，即都以二醚缩合的方式形成四醚，而细菌的 Tes 同源蛋白在此过程中则发挥了关键作用。随后，Chen 等（2022）利用

Tes 同源蛋白序列鉴定出一株能够合成多种 bGDGTs 化合物的酸杆菌菌株——*Candidatus* Solibacter usitatus Ellin6076。该菌分离自酸性农场土壤，属于革兰氏阴性菌、酸杆菌门亚类 3（Acidobacteria subdivision 3），是好氧细菌且进行异养代谢。该菌合成多种 bGDGTs 化合物，包括常规 C_5-甲基化、带五元环的 bGDGTs 及其合成过程中的中间产物和衍生物；且 bGDGTs 在该菌细胞总脂中占比高达 66%，是该细菌细胞膜的主要成分，说明 bGDGTs 的生物源细菌能够形成独特的单层与双层混合结构的细胞膜（Chen et al.，2022；陈雨霏等，2022）。

bGDGTs 化合物的生物源有极大的研究意义。只有找到了它们的生物源，我们才有准确的研究对象，为进一步研究它们的代谢功能提供载体。研究清楚它们的代谢功能有助于我们认识这种脂类化合物指示的环境意义，这样地球化学家可以通过在古老的沉积物或者岩石中寻找这种脂类化合物来了解地球历史时期是否存在合成这种化合物的微生物，以及它们存在的环境及可能的代谢功能。

另外，找到这种脂类化合物的生物源之后，科学家可以在此基础上深入研究它们的合成路径，并将这种脂类化合物的特性运用于生物工程中。并且，一旦确定了它们的生物源细菌，将从膜脂层面为细菌和古菌建立更多的联系，从而为生命的进化带来更多新的信息和认识。

第3章 古菌在地球科学上的应用

3.1 古菌温度计 TEX_{86}

iGDGTs 系列化合物是古菌细胞膜的重要组成部分，其五元环个数随外界环境温度的升高而增加，四醚膜类脂物的古温标（the tetraether index of tetraether consisting of 86 carbon atoms，TEX_{86}）是最近几年提出的一个古海水温度重建指标，其中的 TE 代表"tetraether"，X 代表"index"，86 是指每个 GDGT 含有 86 个碳原子，表示这个指标是在含 86 个碳原子的四醚化合物基础上建立起来的用于指示温度的指标。TEX_{86} 是基于 iGDGTs 化合物建立起来的一种用于重建海水表层温度的有机地球化学指标，也可用于重建湖泊表层水体温度。研究表明 TEX_{86} 主要响应温度变化，而表层水体的营养状况、盐度、氧化还原条件等对 TEX_{86} 指数几乎无影响；另外，TEX_{86} 还能反映古菌的生态、环境中营养浓度以及水文条件等方面的信息。

$$TEX_{86} = \frac{[GDGT\text{-}2] + [GDGT\text{-}3] + [泉古菌醇区域异构体]}{[GDGT\text{-}1] + [GDGT\text{-}2] + [GDGT\text{-}3] + [泉古菌醇区域异构体]}$$

荷兰科学家 Schouten 等（2002）通过对 44 个大洋表层沉积物中 iGDGTs 的研究，建立了一个新的指标 TEX_{86}。他们发现 iGDGTs 平均五元环数与古菌的生长温度有较好的相关性。并且，该指标与年平均和表面温度有较好的线性关系，同时不受盐度（Wuchter et al.，2004）、氧化还原条件（Schouten et al.，1998）等的影响。因此，基于浮游泉古菌 GDGTs 组成而建立的指标 TEX_{86} 可以充当重要温度指标。适用于 5～40℃的温度范围。随后的培养实验进一步证实了由泉古菌和奇古菌合成的 iGDGTs 五元环数的分布主要受古菌生长温度控制。

此外，Kim 等（2008）对全球大洋的 233 个表层沉积物进行分析，发现 TEX_{86} 与大洋混合层的年平均温度（SST）有较好的对应关系。相关学者利用 TEX_{86} 指标重建了地质历史重大事件的古温度，如白垩纪的中白垩世、晚白垩世[①]和古近纪的始新世[②]。Schouten 等（2003）根据 TEX_{86} 重建了中白垩世大暖期（125～88Ma BP）赤道地区表层海水温度。结果显示，赤道太平洋温度稍低，仅为 27～32℃，而北大西洋温度则高达 32～36℃，均比这些地区现代表层海水温度高。同时，通过与 $U_{37}^{K'}$[③]等其他指标项结合，TEX_{86} 也被应用于晚更新世以来的古温度重建。例如，Huguet 等（2006b）利用 TEX_{86} 和 $U_{37}^{K'}$ 重建了阿拉伯海 2.3 万年来的温度变化，结果两种有机温度指标重建结果在相位和幅度上都有差异，这与产 iGDGT 和长链不饱和烯酮的生物最适生长季节不同有关。综合运用两种指标可以识别出不同季节的温度变化。

然而，研究发现 SST 与 TEX_{86} 在整个–2～30℃的温度区间里并不总是呈现出极好的线性相关性。Kim 等（2012）进一步扩充了样本容量，得到了分别使用于低温与高温的 TEX_{86}。当 SST 小于 5℃时，使用 TEX_{86}^{L}，而当 SST 大于 15℃时，则使用 TEX_{86}^{H}（Kim et al.，2008，2012）。

$$TEX_{86}^{L} = lg \frac{[GDGT - 2]}{[GDGT - 1] + [GDGT - 2] + [GDGT - 3]}$$

$$TEX_{86}^{H} = lg(TEX_{86})$$

对于现代海洋，通过卫星或者海洋原位温度测量，我们可以确切计算出 TEX_{86} 计算出来的温度与真实温度的偏差；但是对于地质历史时期，没有哪种方法可以知道其真实的绝对温度。不过，我们不用担心，古气候学家们会运用多种独立的指标来估算地球历史时期的温度，并且他们关注得更多的是温度变化的趋势，而不是绝对温度。

造成 TEX_{86} 指标估算温度偏差的可能有以下 6 个因素：

（1）季节性影响。TEX_{86} 指标估算的温度是年平均温度，而海洋中奇古菌

---

① 白垩纪（Cretaceous Period）是地质年代中中生代的最后一个纪，始于距今 1.45 亿年，结束于距今 6600 万年，历经 7900 万年，是显生宙最长的一个纪。

② 始新世（Eocene Epoch），距今 5600 万年至距今 3390 万年，古近纪的第二个世。

③ $U_{37}^{K'}$：少数藻类生物所特有的一种分子化合物（长链不饱和酮）的不饱和指数，是一种生化指标。

的生长本身会有季节性变化。

（2）古菌群落结构的影响。在不同的海洋环境中，古菌群落的结构会有所不同，而 TEX_{86} 指标主要在是奇古菌脂类化合物的基础上建立起来的。在一些特殊的区域，比如天然气水合物区，古菌群落的优势种是产甲烷古菌，它们主要合成不含五元环的脂类化合物，会造成 TEX_{86} 指标失效。

（3）陆源输入的影响。近海区沉积物中的古菌脂类化合物有一部分是由河流从陆地带来的，陆地上古菌的群落结构和脂类分布与海洋中的不同，因而会造成偏差。

（4）沉降过程的影响。即便不受陆源输入的影响，海洋沉积物中的古菌脂类化合物主要来自海水表层中的古菌，从海水表层沉降到海底的过程十分复杂，在这个过程中，古菌脂类本身会被物理化学和微生物降解，这个过程可能会导致不同结构的脂类化合物之间的相对含量发生变化，从而造成一定的偏差。

（5）成岩作用的影响。当古菌脂类化合物沉降到海底之后，并不是万事大吉了，古气候学家还十分关心从沉积物到岩石的成岩过程，在这个过程中，沉积物逐渐被压实，深度逐渐加深，温度逐渐升高，有机质发生热降解。在降解的过程中，不同脂类化合物被降解的程度有差异从而造成偏差。此外，越古老的沉积物埋藏的时间越长，深度越深，热降解的程度越大，保存下来的脂类的量越少，不利于检测分析，因此在年龄越老的地层中，用该指标估算的温度的偏差越大。

（6）古环境中古菌的群落面貌和现代的可能完全不一样，而我们的思路是将今论古，并且可能还受到季节性和年际气候变化的影响。

虽然这个指标会受到这么多因素的影响，古气候学家应用它的热情却丝毫未减。因为科学家研究地质历史时期气候的变化可以用到的材料和方法本身就十分有限。没有任何一个指标是完美的，每一种指标都有其优势和局限性。相对其他温度指标来说，TEX_{86} 有其独特的优势。海洋奇古菌的分布范围很广，在一些区域，其他的温度指标不适用，我们可以运用 TEX_{86} 指标来弥补这一缺憾。另外，实验室培养实验证明奇古菌可以在高达 40℃ 的水体中生存，这证

明 TEX_{86} 可以用来估算地质历史上高温时期的海水表层温度。虽然它有很多局限性,但是古气候学家在运用的过程中会通过修正公式来剔除一些因素的影响,并且综合其他的指标来互相校对。科学家依此发现了很多有趣的地球历史故事。

除了用于估算温度的 TEX_{86} 指标,还可以利用古菌脂类化合物组成之间的比值来指示某些环境条件,例如,MI(甲烷指数)可以在海洋沉积物中帮助指示天然气水合物区。此外,某些单种脂类化合物是某些特定的古菌独有的,可以指示在环境中对应古菌的存在以及它们参与的代谢过程。例如,奇古菌醇只有奇古菌能合成,如果在环境中检测到了奇古菌醇,就可以确定有奇古菌的存在,并且依此推测环境中有氨氧化过程;而古菌醇只有产甲烷古菌能够合成,它可以指示产甲烷古菌的存在,同时表明该环境是缺氧环境,并且有产甲烷过程发生。随着对古菌更广泛和深入的研究,古菌在古气候和古环境研究方面将发挥越来越重要的作用。

3.2 BIT 陆源输入指标

细菌来源的 bGDGTs 主要分布于陆地泥炭和土壤,而泉古菌醇则主要分布在海洋,因此基于细菌来源的 bGDGTs 和古菌来源的泉古菌醇比值的支链和异戊二烯四醚指数(branched and isoprenoid tetraether index,BIT)可以用于表征海洋中陆源有机质输入的多少。但是,目前我们还不清楚 bGDGTs 的来源,普遍认为它们只来源于细菌。海洋沉积物中的 GDGTs 大部分都是 iGDGTs,而土壤中则以 bGDGTs 为主。Hopmans 等(2004)对刚果河河口冲积扇海区及泰瑟尔(Texel)西南部森林土壤样品研究后,提出了 BIT 指标,可以用来指示近海环境中的陆源有机质输入。目前,BIT 指标已经被广泛用于海洋、河流、湖泊等系统,用来衡量陆源有机质的输入。

$$BIT = \frac{[GDGT - I] + [GDGT - II] + [GDGT - III]}{[泉古菌醇] + [GDGT - I] + [GDGT - II] + [GDGT - III]}$$

此外,Hopmans 等(2004)还研究了世界很多地方的陆源样品及海洋和湖泊表层沉积物，研究结果显示：BIT 指数的范围为 0～1；远洋沉积物中几乎不含 bGDGTs，BIT 指数接近于 0，表示水体中有机物全部来源于海洋；在边缘海地区 BIT 值为 0.02～0.97；在湖泊中 BIT 值为 0.01～0.93；在陆源样品（土壤、泥炭等）中 BIT 值则为 0.98～1。BIT 越高，反映陆源输入对水体中有机物的贡献度越大，而且会使 TEX_{86} 计算的海表温度产生偏差。Weijers 等（2007c）的研究显示，当近海沉积物的 BIT 值达到 0.2～0.3 时，重建的温度会产生 1℃的偏差。

根据陆源物质的骤然增多，结合其他指标，Menot 等（2006）讨论了末次冰期欧洲河流变迁。Schouten 等（2007c）利用 BIT 讨论了过去 3 万年来浮冰对陆源有机质的搬运作用。Huguet 等（2007）综合运用 TEX_{86} 和 BIT 研究了 20 世纪挪威德拉门峡湾（Drammensfjord）海湾温度和土壤有机质输入的变化。

据此，可以通过 BIT 指数来计算湖泊和海洋沉积物中的有机质输入情况。Herfort 等（2006）利用 BIT 指数分析出了北海中的支链 bGDGT 化合物主要来自河流输入。由于区域降雨量的多少是影响陆源输入的重要因素，所以某种程度上，BIT 指数可以间接用来反映古降雨量的变化。Verschuren 等（2009）研究发现东非 Challa 湖相沉积物的 BIT 指数与十年、百年尺度的古降雨信息具有较好的对应性，BIT 高值对应湿润多雨，低值对应干旱少雨，并用 BIT 指数重建了东非赤道附近季风性降水量的变化，显示出在新仙女木、海因里希事件（Henrich 1、Henrich 2）等几次冷事件发生期，均对应较低的降雨量。

水体中悬浮颗粒物中的 bGDGTs 也可能是水生细菌产生的。Tierney 等（2012）对湖泊沉积柱的分析显示，水体深度增加时，BIT 值仍较高，故认为 bGDGTs 可能有原生的，而非陆源输入的。但另一些学者对湖泊的季节性研究显示出 BIT 指数与湖泊周围土壤的陆源输入有关（Woltering et al.，2012）。针对这些矛盾性的结果，分析多种影响因素，对湖泊中陆源输入的分析应综合 GDGTs，而不仅仅是 bGDGTs，并且陆源输入与周围环境密切相关，也与水体环境中泉古菌的含量有关。越来越多的研究发现，湖泊水体中也能够产生 bGDGTs，这些自生 bGDGTs 可能是湖泊沉积物中 bGDGTs 的一个重要来源，所以用 BIT 来指代湖泊中陆源输入多少时需谨慎。

BIT 指数同时可以作为衡量海洋古温度指标 TEX_{86} 所重建古温度准确性的重要参数。陆地土壤中也有 iGDGTs 化合物，如果陆源输入过大，势必有大量来自陆源的 iGDGTs 被带到海洋沉积物中，使基于海洋浮游泉古菌 GDGTs 的古温度指标 TEX_{86} 发生偏差。从理论上来讲，BIT 指数越大，陆源输入对 TEX_{86} 指标的影响也会越大。而在实际运用中并没有确切地界定当 BIT 值大到什么程度时，TEX_{86} 指标所重建的古温度才不能用。因此，应该在 BIT 值比较小的情况下，才和其他古温度指标进行比对，以确保 TEX_{86} 所重建温度的准确性。

目前，对 BIT 指数的影响因素的探讨较少，大部分研究都只关注于它的应用。但是，BIT 指数是建立在几种有机化合物的基础上的，在氧化条件下，泉古菌醇和 bGDGTs 的相对保存状况是改变 BIT 值的很重要的一个因素。Huguet 等（2008）对马德拉深海平原（Madeira Abyssal Plain）浊流沉积中的泉古菌醇和 bGDGTs 在有氧情况下的降解状况进行分析，发现 bGDGTs 较之泉古菌醇更容易保存。由于两者保存的差异，BIT 值从原来的 0.02 增大为 0.4。尽管两者有相似的结构，但泉古菌醇的降解速率是 bGDGTs 的两倍左右。这表明，对于时代较为久远的沉积物，所得到的 BIT 值会与真实值存在一个很大的偏差，而且似乎随着沉积物年龄的增加，这种偏差会更加明显。因此，虽然 bGDGTs 能够在早至白垩纪的沉积物中发现且 BIT 指数有应用到白垩纪沉积物重建陆源输入的潜力，但是如何消除降解速率造成的差异必然是首先得解决的问题。

此外，bGDGTs 的最终来源当前认为仅有土壤和泥炭，这是 BIT 指数能够应用于重建陆源输入的基础。然而，在近海、河口和湖泊环境中是否同样生存着能够合成 bGDGTs 化合物的微生物目前仍然没有定论。

3.3 甲基化指数（MBT）和环化率（CBT）

支链 bGDGTs 化合物被认为来源于细菌细胞膜，能够敏感地响应外界环境的变化，特别是温度的变化。细胞膜通常以改变合成磷脂分子的结构来维持自身的稳定性和物质交换所需的流动性，从而适应外界环境的变化。Weijers 等（2006）首次报道了土壤中的非嗜热型泉古菌的生物标志化合物泉古菌醇，并提出它的含量可能与土壤 pH 有关系。之后 Weijers 等（2007c）通过分析统计全球 90 个地区的 134 个土壤样品中的 bGDGTs，提出了支链四醚的环化比指数（cyclisation ratio of branched tetraether，CBT）和支链四醚的甲基化指数（methylation index of branched tetraether，MBT）。其中，MBT 与年平均气温（mean air temperature，MAT）和 CBT 呈较强的相关性（R^2=0.82）。因此，可以通过 CBT 和 MBT/CBT 指标的研究来重建陆地古 pH 和年平均气温。然而随着研究工作的逐步推进，这些指标在湖泊环境的应用也面临着挑战和不确定性，因为湖泊沉积物合成有别于土壤的 GDGTs，因此将基于土壤环境建立的MBT/CBT 指标生搬硬套于湖泊环境，必然会造成恢复的温度或者 pH 与实测值之间的误差，故后续根据湖泊环境 bGDGTs 分布特征而建立 MBT/CBT 指标，以及选取湖泊 bGDGTs 中对环境响应最敏感的组分构建逐步回归方程，以此进一步优化 GDGTs 在湖泊古环境定量重建中的准确性。

$$MBT=\frac{[GDGT\text{-}I]+[GDGT\text{-}Ia]+[GDGT\text{-}Ib]}{\sum[全分支的GDGT]}$$

$$CBT=-lg\frac{[GDGT\text{-}Ia]+[GDGT\text{-}IIa]}{[GDGT\text{-}I]+[GDGT\text{-}II]}$$

CBT 与 pH 呈很好的线性关系，MBT 则与土壤 pH 以及 MAT 三者之间具有线性关系。

$$CBT=3.33\text{–}0.38\times pH（n=134，R^2=0.70）$$
$$MBT=0.867\text{–}0.096\times pH+0.021\times MAT（n=134，R^2=0.82）$$

因此，在土壤 pH 未知的情况下，通过 CBT 以及 MBT 指数即可重建当地的大气年平均温度。Weijers 等（2007b）运用 MBT 和 CBT 指数，定量计算了北冰洋沉积序列中古新世-始新世时期（PETM 事件）的北极地区古温度，结果与当时的 SST 变化相一致。

在非洲乞力马扎罗山一个沿高度展开的 bGDGTs 研究进一步证实了 MBT 和 CBT 指标的可靠性（Blumenberg et al.，2004）。bGDGTs 分布特征显示，北极地区古新世-始新世大暖期陆地温度升高了 8℃，与表层海水温度变化相当（Weijers et al.，2007b）。Weijers 等（2007a）根据海相沉积物中保存的 bGDGTs

重建了刚果盆地 2.5 万年来大气温度变化。结果显示，陆地与海洋之间的温度差和中部非洲大气降水变化一致。由此，作者提出，陆海温差是控制非洲中部大气降水模式的重要因素。Schouten 等（2008a）利用 MBT 和 CBT 指标重建了格陵兰地区始新世-渐新世界线（E/O）附近大气年平均温度变化，显示出在界线之前存在长时间尺度的降温，温度下降 3～5℃。该结果与北半球中纬度陆地重建结果一致，支持降温事件是北半球尺度的。

目前，利用微生物类脂物建立的古环境指标除 TEX$_{86}$、MBT/CBT 之外仍然较少，尤其是在陆地环境中更缺乏古温度计和古降雨计。而且，古环境重建中需要多种地球化学指标校验才能确保结果的准确性。因此，在现代过程中利用不同海拔的温差效应和不同纬度带温度、降雨量的变化建立新的基于微生物类脂物的古环境指标是解决此问题的一个途径。

基于细菌 bGDGTs 的古温度指标 MBT/CBT 能较好地指示陆地温度变化，已经被广泛应用。然而，在中国区域陆地环境古温度的重建中，MBT/CBT 指数全球校正所重建的温度存在较大偏差。因此，急需建立一个适用于中国区域陆地古环境重建的新的 MBT/CBT 指数校正公式。同时，中国不同理化条件的土壤中泉古菌醇与细菌 bGDGTs 的相对比例差别很大。应用陆源输入指数 BIT 的前提是输入水体中的陆源土壤的 BIT 接近 1，这样才能较为准确地估算出陆源输入的量。因而，查明陆地土壤 BIT 值的环境控制因素，可以为准确估算海洋陆源输入提供基础数据。

此外，化学降解作用能够改变建立在有机分子基础上的古环境替代指标，对准确重建古环境存在不利的影响。根据以往报道，氧化等因素对基于 GDGTs 的古环境指标（包括 TEX$_{86}$ 与 BIT）的影响很小，并且并不知晓陆地古温度指标 MBT/CBT 受氧化等因素造成的偏差。因此，实验室模拟化学降解 GDGTs 化合物对古环境指标的改变可以用来校准古环境指标的偏差并为准确重建古环境提供依据。

第 4 章　古菌与地球演化

4.1　地球上最早的生命

地质学家在地球上发现的最古老的沉积岩的年龄是 38 亿年，有沉积岩就说明当时地球上已经有水了，生命可能产生于这一时期的水中或者地球形成液态水圈之前的水蒸气中。1977 年地质学家报道，在南非发现的微化石沉积物显示，在 34 亿年前地球上就已经有生命存在了。1993 年地质学家在 35 亿年前的岩石中发现了微生物化石，表明至少在 35 亿年前细胞生命就已经存在了。但是这一结论遭到了质疑，认为那只是形似"微生物"而已。对稳定碳同位素的分析则表明在 38 亿年前生物的有机合成已经出现。对于原始生命进化的过程中的重要的时间节点仍然没有定论。

关于最早出现在地球上的生命是古菌还是细菌，人们说法不一。主流观点认为，地球早期的大气是还原性的，并且温度比现在高，而古菌可以在极端厌氧高温的条件下存活。当时的火山喷发释放出大量的 H_2、CO_2 和 H_2S 等气体，产甲烷古菌可以利用 CO_2 氧化 H_2 获取能量，高温嗜热古菌则可以通过氧化硫化物获取能量。因此地球上最早出现的可能是古菌。但是也有可能是能在这种环境条件下生存的最原始的细胞，后来古菌和细菌都由它逐渐进化而来，在进化的过程中古菌保留了一些原始的特征，而细菌则逐渐丢失了这些最原始的特征而形成了完全不同的面貌。

最早关于地球生命起源的科学假说是奥巴林（Oparin）和霍尔丹（Haldane）提出的"原始汤"假说，他们设想的这种原始汤所含有的无机化合物可以合成不同复杂程度的有机分子，并且可以最终通过"化学进化"合成生命有机体。那么无机物真的能够"进化"成有机物吗？1953 年，美国科学家斯坦利·米勒（Stanley Miller）和哈罗德·尤里（Hiarold Urey）在实验室以 CH_4、NH_4 和 H_2 为原料来模拟原始大气的成分，在水蒸气的驱动下，在密闭的玻璃容器内火花放电，几天之后发现合成了氨基酸。到 1969 年，科学家已经在实验室发现无机物可以合成组成 DNA 和 RNA 的五种基本含氮有机分子了。这些实验证明了地球上前生命化学进化的可能。

　　到了 38 亿年前，大气充满了有毒的气体（比如 H_2 和 CO），几乎没有氧气，即便有少量的氧气，也会很快被占多数的还原性气体消耗，总体来说，当时的大气是还原性的。在那样的环境条件下，古菌形成了严格厌氧的特征。但是，微生物在进化，地球也在演变，微生物与地球的相互作用也越来越频繁而复杂。大约在 25 亿年前，地球上出现了最早的光合微细菌，它们在光合作用的过程中会产生氧气，并释放到环境中，这对古菌来说是致命的毒气。幸运的是，当时地球上有单质金属，如铁、锰等，氧气及时被它们吸收而形成了金属氧化物。古菌和其他的严格厌氧微生物因此逃过了一劫。但是，不久之后，蓝细菌出现了，它们光合作用的效率更高，造氧的能力更强，而且在地球上大量繁殖，成为优势种。它们释放出来的氧气将海洋中的单质铁氧化，形成红色的氧化铁。地球终于迎来了一个重要的时刻，在大约 20 亿年前，地球表面的单质金属全部被氧化之后，大气中开始出现氧气，地球表层的古菌和其他的厌氧微生物无处藏身了，大部分遭到了氧气的屠杀，只有几乎没有溶解氧的高温热泉中的古菌得以幸免。

　　新元古代（约 10 亿～5 亿年前），地球上的大陆和海洋几乎全部被冰川封盖，古菌在这个时期是否会灭绝或"冬眠"成为不解之谜。当大陆和海洋被冰川覆盖之后，冰川下面的冻土和海水就被动与大气隔绝了，整体处于厌氧环境，这种环境形成之后不久，低等动物和植物由于忍受不了这种严寒的气候而死亡，它们留下的残骸为微生物留下了食物，厌氧微生物，包括绝大部分的古菌就会增多。但是好景并不长（这个长短是相对地球历史来说的，而不是以人类历史时间为参照），随着时间的推移，有机质逐渐被微生物消耗殆尽，它们进入了饥荒时期，由于食物匮乏，很多异养微生物的生物量急剧减少。但是古菌还不至于灭绝，因为在现代的冰川和寡营养的大洋深部厌氧水体中仍然有古菌生存。当时在大洋中脊处仍然有岩浆喷发，释放出二氧化碳、氢气和硫化氢等气体，古菌可以利用这些无机物获取能量和物质进行自养。总的来说，冰川时期，微生物的食物匮乏，在特定的环境中，原来的微生物群落结构会发生调整，并慢慢地形成一个相对稳定的结构。食物匮乏，生物群落获得的能量也很少，此时微生物包括古菌必须调整它们的生存策略，把十分宝贵的能量用在刀刃上，因此它们的生长繁殖速率会变得很低，甚至有可能进入休眠状态。

　　水是生命存在的必要条件之一，目前已经有诸多证据表明火星上曾经存在水，这意味着火星可能曾经有生命出现过。如果有，最有可能是古菌吗？自从20 世纪 60 年代末，第一个机器人宇宙飞船被送上火星之后，人们终于停止了遥想火星上的外星人，而开始真正认识火星。火星基本上是沙漠行星，地表沙丘、砾石遍布，没有稳定的液态水体。二氧化碳为主的大气既稀薄又寒冷，沙尘悬浮其中，常有尘暴发生。与地球相比，地质活动不活跃，地表地貌大部分于远古较活跃的时期形成，有密布的陨石坑、火山与峡谷，包括太阳系最高的山——奥林帕斯山和最大的峡谷——水手号峡谷。另一个独特的地形特征是南北半球的明显差别：南方是古老、充满陨石坑的高地，北方则是较年轻的平原。火星两极皆有主要以水冰组成的极冠，而且上面覆盖的干冰会随季节消长。这么恶劣的地理、气候和环境怎么可能有生命存在呢？

　　2000 年，美国科学家在南极洲发现了一块陨石，因为陨石中捕获的气体与火星的大气成分相近，因此被认为是火星的陨石，而在陨石内部发现了类似微体化石的结构，有人认为这是火星存在生命的证据，但同时遭到极大的质疑，质疑者认为这些结构可能是自然生成的矿物晶体，也可能是地球上细菌入侵形成的。在 2005 年，意大利物理与行星空间研究所的科学家们从火星的大气中检测到了甲醛，含量为 133ppb（1ppb 为十亿分之一），因此推测火星上每年可能有 250 万 t 甲烷产生。他们认为这么多的甲烷最有可能是微生物产生的，这就意味着火星上有可能存在产甲烷古菌，但也不排除与地球上完全不同的产甲烷微生物存在。从 2012 年 10 月至 2013 年 6 月，美国国家航天局"好奇号"漫游车为检测甲烷，对火星大气样品进行了六次分析，但都未发现甲烷的任何踪迹。这让火星上可能发现产甲烷微生物的希望变得暗淡，但是不能排除有其他代谢方式的微生物存在。

4.2　古菌与地质过程

　　岩石圈、水圈、大气圈和生物圈构成了地球系统，物质在各个圈层中相互作用、迁移和转化。微生物不仅是分解者的主体，也是生产者的重要组成部分。在各种生命形式中，微生物分布十分广泛，从高山到深渊，从地球表层到深部，从极地到火山，从热泉到冷泉，都能见到它们的踪迹。微生物在地球系统物质循环中发挥着关键的驱动作用。微生物在地球上存在的时间占据地球历史的80%。它们通过氧化还原反应塑造了地球表面的氧化还原状态，孜孜不倦地改造着地球的环境，是地球上最早、最勤奋的开荒者，为其他生命的进化提供了适合生存的环境，同时也淘汰了在此过程中逐渐不能适应的生命。它们通过促进岩石风化和矿床的形成改变土壤和海洋的成分，通过光合作用、固氮气作用和分解作用改变大气的成分，推动着地球与生命共同进化。近年来，科学家越来越热衷于研究古菌参与的地球物质循环过程。古菌生命的耐受极限极大，能在地球早期环境中生存，因此古菌与地球协同演化的历史十分久远。

　　超高温嗜热古菌通过氧化硫化物获得能量并固定碳，在陆地热泉、火山和大洋中脊的热液口等生境的硫元素和碳元素循环中起着关键的驱动作用。在缺氧环境中，如沼泽、水稻田和深海，在有机质分解过程中，产甲烷古菌将有机质分解成了最小有机分子——甲烷气体。而甲烷氧化过程则是有机质被矿化十分关键的一步，使得碳元素从有机态转化为无机态。海底产生的甲烷中有75%被甲烷厌氧氧化古菌转化为了碳酸盐，从而阻止了甲烷气体进入大气圈。奇古菌催化的氨氧化过程是硝化作用的第一步，在氮元素循环中起着十分重要的驱动作用。随着对古菌更深入和广泛的研究，人类将更加深刻地认识古菌在地球物质循环中的作用和机制。

　　而在海洋中，古菌也扮演着重要的角色。大洋中的海水从来都不是静止不动的，它像陆地上的河流那样，长年累月沿着比较固定的路线流动着，这就是洋流。洋流连通了五大洋，不仅起着交换水体的作用，同时也在传输能量和物质。水团含有营养物质和微生物（包括古菌），古菌自然也会随着洋流沿着固定的路径在大洋旅行。在旅行的过程中，水团会和途经的水体发生一定程度的交换，一路下来，水团的物理化学条件会发生一定程度的变化，古菌也会与途经的水体发生交换，也会因为水团物理化学条件的变化而调整其群落结构。目前关于海洋物理对古菌群落和代谢等方面的影响的研究十分少，但已经有人在关注并开展这一交叉领域的研究了。

古菌的种类很多，在食物链中扮演着多种角色。举例来说，海水中有很多氨氧化古菌，它们能固定二氧化碳，合成有机质，属于生产者。而产甲烷古菌分两类，当利用二氧化碳和氢气合成甲烷的时候是生产者，利用乙酸等有机质发酵产生甲烷时则是分解者。

1977 年美国阿尔文号深潜器在东太平洋发现深海热液活动和热液生物群，这一生物群落因与我们所习惯的"有光食物链"不同而被称为"黑暗食物链"，在这个神奇的生态系统里，出现了很多古菌。

"有光食物链"依靠地球外来能量即太阳能，在常温和有光的环境下，通过光合作用产生有机质；而"黑暗食物链"则是依靠地球内源能量即地热支持，在深海黑暗高温的环境下，通过微生物的化能作用生产有机质。要了解热液区古菌的种类和分布，我们先了解一下热液区的环境特点。深海喷口周围存在着两种渐变的物理化学梯度带。第一种是温度梯度带：海底喷出的热液在与周围的低温海水混合后，形成一个以喷口为中心，向四周渐低的温度梯度带。第二种是化学梯度带：热液在形成、喷发和扩散过程中，与经过的岩石和周围的低温海水发生反应，使热液含有大量的 CH_4、H_2、NH_3、H_2S，以及 Fe、Cu、Zn 等金属元素，在喷发后形成了以喷口为中心，喷出物质的浓度向四周渐低的化学梯度带。物理化学变化的影响尤其是温度的影响，促使喷口周围形成了生物梯度带：大量生物以喷口为中心，向四周呈环带状分布。在喷口附近水温为 $60\sim110℃$ 的区域，以古菌和嗜热细菌为主，大于 $90℃$ 的环境中古菌占优势。它们形成薄层状的菌席贴附在烟囱壁、沉积物或玄武岩表面。生活在如此高温的条件下的古菌主要是嗜热古菌，此外还有产甲烷古菌。喷口外围温度低并且海水中含有氧气和硫化氢，这里的古菌主要是适应该环境的氧化型古菌。

4.3 海洋古菌在全球碳循环中的作用

海洋是地球上最大的碳库，在全球碳循环中起着极其重要的作用。海洋所储存的碳是大气的 60 倍，是陆地生物土壤层的 20 倍。海洋对全球气候变化发挥着"缓冲器"的作用，如大约 25% 人为排放的碳被海洋吸收（Fortunat Joos et al.，2001）。因此，海洋中碳的生物地球化学循环问题成为海洋生物学、海洋化学、大气化学及全球变化研究的焦点。全球变化改变海洋生物地球化学循环，而海洋生物地球化学循环又反过来影响全球变化过程。最近新提出的"微型生物碳泵（microbial carbon pump，MCP）"概念，使得我们对于微型生物（包括古菌和细菌）在海洋溶解有机碳的长周期储存中发挥的作用有了新的认识。微型生物尤其是异养细菌和古菌在海洋中产生储量巨大的惰性溶解有机碳（recalcitrant dissolved organic carbon，RDOC），在海洋中可储存长达数千年，是海洋储碳的一个重要的机理（Jiao et al.，2010；Zhang et al.，2018）。

海洋古菌是海洋中生物量最多的微型生物之一。海洋古菌的绝大部分属于 MG-I 古菌和 MG-II 古菌（DeLong，1992）。近 20 多年的研究表明 MG-I 在海洋碳氮循环中是重要的推手，其主要功能是以氨作为主要能量来源的固碳过程（Konneke et al.，2005）。根据深度整合的碳固定平均速率（每个古菌每天固定 0.014fmol 碳）和全球海洋 MG-I 的细胞总量（$1.3×10^{28}$），Herndl 等（2005）计算出全球无机碳固定速率为 $6.55×10^{13}$mol C/a。这一数值与根据古菌硝化作用估算的结果相吻合（$3.3×10^{13}$mol C/a），反映出与固定无机碳耦合的古菌硝化作用可以显著地影响全球海洋碳氮循环过程。

到目前为止，人们对 MG-I 的种群特征、生态功能、生理生化和演化已有了比较深刻的认知。最新研究发现，海洋水体中的 MG-I 可分为水体类群 A（water column group A，WC-A）和水体类群 B（water column group B，WC-B）两个类群，WC-A 分布于不同深度的水体中，WC-B 则多发现于真光层以下，两者对于海洋化学条件变化的响应也存在不同。单细胞基因组研究揭示，这两类 MG-I 在水体垂直分布上的差异与它们对光的适应性不同有关。Konneke 等

（2014）通过生物化学手段揭示，MG-I 在铵根离子浓度较低的海洋环境中能够生存的重要原因之一在于它特殊的碳固定途径——三羟基丙酸循环（3-hydroxypropionate cycle），该途径较其他所有已知的碳固定途径效率均更高。

对 MG-II 的基因组分析，以及对其代谢活性的测定，均表明 MG-II 是一类异养代谢微生物，是海洋微型生物驱动溶解有机碳（dissolved organic carbon, DOC）转化过程中不可缺失的有机组成。利用氢同位素标记的氨基酸培养来自海水中的 MG-II，结果显示，至少部分 MG-II 是异养的（Teira et al., 2006）。与其他古菌类群相比，MG-II 含有较高丰度的蛋白酶和脂酶，且具有视紫红质基因，表明 MG-II 是一类光能异养生物，在海洋颗粒有机碳的利用方面可能效率较高（Iverson et al., 2012）。Orsi 等（2015）的研究表明，大颗粒组分附着的 MG-II 的量显著高于游离组分，其多样性也高于游离组分，进一步证明 MG-II 具有和颗粒有机质共生的生态习性。Orsi 等（2016）利用 ^{13}C 标记的 NaHCO$_3$ 对海洋中广泛分布的一类微型浮游藻类 *Micromonas pusilla* 进行标记，进一步证明 MG-II 具备代谢高分子有机质的生理特征，提示它在海洋 DOC 转化过程中的重要作用。

李猛等在位于加勒比海深部的中开曼海隆（Mid-Cayman Rise）的热液口羽流及周围海水、加利福尼亚湾的瓜伊马斯海盆（Guaymas Basin）深层海水、西太平洋的东拉乌（Eastern Lau）扩张中心的深层海水中，一共发现 31 个 MG-II 的基因组，这些基因组中均含高丰度的降解碳水化合物的酶基因（Li et al., 2015），提示 MG-II 不仅在表层海洋的 DOC 转化中发挥重要作用，对比例更大的深层海洋的 DOC 循环也有贡献。

张传伦团队研究发现，珠江口及南海北部海域胶州湾、长江口及毗邻东海区域，均存在丰度较高的 MG-II 的分布。从珠江口外缘表层水体宏基因中提取出的第一株河口区 MG-II 基因组的分析结果显示，珠江口 MG-II 含有丰度较高且种类多样的糖苷水解酶，这些酶类的主要生态功能是降解与转化碳水化合物（Xie et al., 2018），提示 MG-II 在河口区 DOC 的转化过程中也发挥着不可忽视的作用。另外 MG-II 的分布呈现出较强的地域性，可能与不同区域有机质和营养盐的季节性差异有关。在北海德国湾，MG-II 在春季生物量较高，占古菌总量的 90%；在蒙特利海湾，MG-II 在夏季占微生物总量的 12%，而在冬季只有 1%（Pernthaler et al.，2002）。由此可见，相对于自养古菌 MG-I，MG-II 是能够利用光能降解有机质的异养生长的一类古菌，在海洋有机碳循环过程中可能发挥重要作用。

4.4　古菌与全球变暖

关于全球变暖对动植物影响的研究比较多，但在对微生物的影响方面，科学家却关注得相对较少。可以肯定地说，全球变暖对古菌绝对是有影响的，至于有什么样的影响以及如何影响，这个问题需要更多、更深入的研究才能弄明白。首先，人类大量排放二氧化碳气体导致全球变暖，冰川逐渐消融，极端天气也越来越频繁，有的区域很干旱，有的区域发生百年不遇的洪水灾害。降水的变化会影响土壤中的元素循环，也会影响区域河流和海洋中的营养盐分布等，全球变暖的众多结果会和温度升高交织在一起，综合影响地球环境中的微生物，尤其是表层微生物。这种影响会有空间和时间上的差异性。比如科学家对美国俄克拉何马州土壤的研究表明，全球温度升高使得正常的降水时节古菌的多样性增加了，而在干旱的季节土壤中古菌和细菌的多样性都减少了。

古菌的活动对全球气候有很大的影响，这是毋庸置疑的。古菌中的产甲烷菌、甲烷厌氧氧化菌和氨氧化古菌在全球碳循环中扮演着十分重要的角色。甲烷气体的温室效应是二氧化碳气体的 21 倍，而全球甲烷总量大约有 85%是生物成因。虽然产甲烷古菌的分布范围很广，并且生物量也很大，但是大气中甲烷气体只有 1.6ppm（1ppm 为百万分之一），这是因为有甲烷厌氧氧化菌的存在。比如在海洋中的天然气水合物区有一个界面，这个界面形成了防止甲烷释放到海水和大气中的一个屏障，在这界面之下甲烷气体都能被甲烷厌氧氧化菌及时地氧化掉，产生的 HCO_3^- 会影响海水的碱度，从而也会影响海洋吸收 CO_2 的能力。与此同时，氨氧化古菌在地球上的分布也十分广泛，在土壤、河流、湖泊、沼泽和海洋等环境中的生物量都很大，比如，在 200～5000m 深的海水中，氨氧化古菌的量就占到了所有浮游微体生物的 20%，氨氧化古菌在氧化氨的过程中可以固定二氧化碳，因此它们具有存储温室气体二氧化碳的功能，从而可以在一定程度上缓解温室效应。

温室效应被认为是恐龙自我灭绝的原因之一，因为它们排放气体过多。在2012 年，英国利物浦约翰·穆尔斯大学等机构研究人员在《当代生物学》（*Current Biology*）杂志上报道，在距今约 2.5 亿年到 6500 万年的中生代，存在大量蜥脚类恐龙，它们是食草的大型恐龙。食物在它们腹中经微生物作用后产生甲烷，随放屁排出体外。我们已经了解了，能产生甲烷的微生物就只有产甲烷古菌。它们的威力有那么大吗？首先，这类恐龙的食量很大，其中有一种阿根廷恐龙据估算一天能吃掉半吨的食物，格雷姆的研究团队计算出，所有恐龙每年一共产生 5.2 亿 t 甲烷，比今天所有的甲烷来源产生的加起来还要多。他们认为，如此大量的甲烷气体足以导致地球变暖，而且气候变暖导致的后果惨重，恐龙也因此灭绝。但是多数科学家认可的是小行星撞击理论，该观点认为恐龙灭绝是因为 6500 万年前小行星坠落在地球表面，引起一场大爆炸，把大量的尘埃抛向大气层，形成遮天蔽日的尘雾，导致植物的光合作用暂时停止，恐龙因此而灭绝了。

4.5 古菌生物标志物与地球演化

iGDGTs 是古菌的特征标志物，它们在地质样品中出现的年代、多样性与丰度等可以揭示古菌与环境的协同演化历史。同某些极性化合物相比，GDGT化合物具有相对的稳定性。而泉古菌醇被认为是海洋 MG-I 的标志物（Schouten et al.，2002）。Kuypers 等（2001）在白垩纪中期（约 112Ma BP）缺氧事件时的黑色页岩沉积中找到了丰富的古菌标志物（如泉古菌醇），生物标志物和碳同位素指示高达 80% 的沉积有机质来自海相非嗜热古菌。稳定碳同位素结果显示，这些古菌属于化能自养微生物，利用海水中的含较重碳同位素的碳源。这是当时最古老的 GDGTs（尤其是泉古菌醇）报道，由此作者提出该缺氧事件标记了地质历史上的一个重要时刻：某些嗜热古菌已经适应了低温环境（Kuypers et al.，2001）。Zhang 等（2006）提出，泉古菌醇最适温度约为 40℃，嗜热泉古菌也可以合成泉古菌醇，嗜热古菌向海洋非嗜热泉古菌的进化很可能发生在更早时期。

最老的 GDGTs 和双植烷降解产物出现在上侏罗统沉积物和原油样品中（Petrov et al.，1990）。最老的 2, 6, 11, 15-四甲基十六烷（crocetane，一种古菌标志物）被发现于 1640Ma 前的巴尼溪（Barney Creek）群沉积物中（Greenwood and Summons，2003）。Ventura 等（2007）在距今 2707～2685Ma 的太古宇变质沉积岩中发现了丰富的古菌标志物，主要是 0～3 环的双植烷及其 C_{36}～C_{39} 的降解产物（Ventura et al.，2007）。该报道极大地改写了古菌类脂物的发现历史，并证实地下热液生物圈在地球演化的早期就存在。在如此古老的变质沉积岩中，高温高压的水相体系抑制了热降解作用，使得古菌标志物保存了下来。该报道使我们更加相信能在更广泛的地质时代、沉积环境中找到古菌的标志物，以便更好地探讨古菌与环境的协同演化。

《自然·通讯》（*Nature Communications*）2018 年发表的一篇论文"Biological methane production under putative Enceladus-like conditions"认为，如果冰冷的土卫二上条件和我们推测的相符，就意味着某些微生物可以利用二氧化碳和氢气生长并产生甲烷。除此之外，文章作者认为土卫二岩核内发生的地化反应可能可以给这些微生物的生长提供充足氢气。奥地利维也纳大学的西蒙·里特曼（Simon Rittmann）及同事在实验室内模拟类似于预想中的土卫二的气体成分和压力，培养了三种产甲烷古菌。其中一种为冲绳甲烷球菌（*Methanothermococcus okinawensis*），它甚至可以在存在甲醛、氨和一氧化碳等气体的情况下生长并产生甲烷，而这类气体会抑制其他产甲烷古菌的生长。另外，文章作者发现土卫二的核内可能发生的低温蛇纹石化作用（岩石发生地化变化的过程），或可以产生足够多的氢气支撑产甲烷古菌生长。以上研究结果印证了一个观点，即诸如产甲烷古菌之类的微生物在理论上有可能在土卫二上生存并产生甲烷。但是，文章作者提醒称甲烷也可能由非生物性的地球化学过程产生，他们认为值得进一步去搜索土卫二上生物性的甲烷生产和微生物生命的化学标记（Taubner et al.，2018）。

第5章 古菌与人类以及社会生产

5.1 古菌与人体

古菌不仅存在于温泉、碱性湖和废水处理厂，也存在于房屋，还有人类的鼻子、肺、肠道和皮肤中。寄居在人体内的古菌主要是产甲烷古菌，这就意味着它们主要在人体中缺氧的部位生存，比如牙齿的微裂缝和消化道中。身体不同部位具有不同古菌，部分可重叠，史氏甲烷短杆菌等产生的甲烷，会减缓食物通过胃肠道的速度，引起便秘，可能与炎症和肥胖有关。目前，科学家已经从人体的口腔、肠道和阴道中都分离出了古菌。人体内的古菌是一支不可小觑的队伍，单单在肠道内，平均每克粪便里就含有大约 10^8 个古菌细胞。

人体肠道中可能有 10% 以上的厌氧微生物是古菌。此前的菌群研究，大多使用细菌和古菌的通用引物，或许严重低估了菌群中的古菌组成及其与健康相关的作用。最新研究表明：①古菌存在于大部分人体中，且可能与肠易激综合征相关，目前对古菌的研究仍十分有限；②使用古菌 16S rRNA 特异引物，Koskinen 等（2017）发现人体菌群中古菌的丰度和多样性很高，在类人猿中也有相似结论；③古菌和细菌群落有类似的人体空间分布模式，且某些存在于人体中的古菌也存在于外界环境中，如沼池；④古菌组可能以特定方式影响人类健康，未来可用无偏性的鸟枪法宏基因组技术或特定的古菌靶向方法来研究其作用（Pike and Forster，2018）。

基于古菌和细菌的相似之处，人们担心古菌会像病毒和某些细菌一样致病。到目前为止，并没有直接的证据证明古菌对人体有害或者致病。但是有研究显示人体牙周炎疾病的严重程度与牙龈下菌斑中的古菌小亚基 SSU rDNA 数量有关，同时牙周炎减轻的程度也和牙龈菌斑中古菌的量有关系。科学家还认为产甲烷古菌在牙龈下微裂隙的共生作用促进了牙周炎发生过程中的次级酶解菌落微生物繁殖。为了检验古菌是否有致病性，科学家对牙周炎病损位点的古菌进行了厌氧培养，与其余病原微生物进行了生物学比较，发现古菌大多出现在厌氧和多重细菌感染的情况下。从病因学角度看，古菌在感染菌落中充当着媒介的角色。研究并没有发现病原性古菌，但古菌确实与牙周炎的发展有关，原因可能是古菌并没有致病性，也可能只是由于检测条件或范围等限制我们还没有发现病原性古菌。

将古菌作为可能的致病菌研究时，需要考虑的重要因素是其细胞壁和分子形态的特殊性。正如前面提到的，古菌的细胞壁缺乏肽聚糖和脂多糖，其由乙酰键连接的脂类也与细菌和真核细胞由乙酯键连接的脂类结构不同。古菌特有的极性脂类在体内和体外都表现出有效的免疫辅助作用，它特有的脂类结构比传统的佐剂如脂质体和氢氧化铝具有更高的佐剂活性，而且不同来源的古菌如各种甲烷菌、嗜热菌都具有这一特点。因此，进一步研究古菌的佐剂作用，将加深对古菌与宿主免疫系统相互作用的了解。

在目前人类关注由微生物所引起新出现的传染病的同时，研究古菌可能的致病作用是值得考虑的一个方面，建议研究古菌的微生物学者增强超前意识，开拓研究其致病性的新领域。

5.2　古菌与经济

科学家已经找到了一些嗜热古菌微生物能在对人类来说如此高温严酷的环境下存活的原因。他们发现，与常温普通细胞相比，嗜热古菌细胞膜的成分和结构都有所不同，在高温下结构不容易被破坏。它们能合成一些特殊的蛋白质，对维持细胞结构的稳定性十分重要，最重要的是它们的遗传物质 DNA 的双链结合得非常紧密，在高温下不容易发生解链而可以维持完整性，等等。因此，它们参与高温下 DNA 复制过程的一些酶可以在 PCR[①]操作过程中的高温

---

① PCR：聚合酶链式反应（polymerase chain reaction），是一种用于放大扩增特定的 DNA 片段的分子生物学技术。

阶段被用于催化合成 DNA 反应。嗜热古菌产生的蛋白酶和淀粉酶等在高温下不易失活，可以用于食品药物制作等，使用起来非常方便。同时利用嗜热古菌进行工业发酵本身就可以避免杂菌（因为它们无法耐受高温），省去了除去杂菌污染的过程，可以极大地节约成本。同时，嗜热古菌对特定的矿物具有侵溶能力，可以用于开发矿产资源。总之，嗜热古菌具有极大的应用价值，在研究和应用方面方兴未艾，亟待我们去探索和开发。未来还需研究人类古菌组，靶向古菌比靶向人类自身的副作用可能更少，有望成为新药研发的方向。

甲烷早在 3000 多年前就被用作可燃气体，而人类对产甲烷古菌的研究也已经有 150 多年的历史了。不仅是因为产甲烷古菌本身的独特，更因为它与人类的生活息息相关。当今世界正遭遇着严重的能源危机，传统的主力能源，如石油、煤和天然气等，即将枯竭，而且传统能源的大规模生产和使用已经使得自然生态环境和人类共同面临全球气候变暖等重大的危机。从可持续发展的立场看，能源的最佳利用方式是生物质能源。大规模利用生物质能源的最佳方向则是利用生物质发酵生产沼气。沼气是一种清洁的可再生能源，在能源结构中起着日益重要的作用。沼气的主要成分是生物甲烷气，因此产甲烷古菌的研究对解决能源问题十分重要。相信有一天，随着对产甲烷古菌研究的逐渐深入，我们能利用它们通过规模化的工业生产来生产甲烷。这对我国调整能源结构和减少生产成本都有着重要的作用。

以中国为例，沼气池的类型和规模各异，主要可分为户用沼气池、中小型沼气工程和大型沼气工程（参见《全国农村沼气发展"十三五"规划》，2017年发布）。其中，户用沼气池规模较小，主要用于满足家庭需求；中小型沼气工程覆盖一定范围的农户，规模相对较大；而大型沼气工程则通常与畜牧、养殖等产业相结合，具有更大的规模和产量。截至 2015 年底，全国户用沼气池达到约 4193 万户，中小型沼气工程共有 103898 处，大型沼气工程有 6737 处，特大型沼气工程 34 处，工业废弃物沼气工程 306 处，各类型沼气工程总计 110975 处。其中，以秸秆为主要原料的沼气工程有 458 处，以畜禽粪便为主要原料的沼气工程有 110517 处。全国农村沼气工程的总池容达到 1892.58 万 m^3，年产沼气量约为 22.25 亿 m^3。在沼气发酵反应器中，水解细菌首先将非水溶性的复杂有机物降解为可溶性化合物。然后,发酵细菌将这些化合物进一步降解,生成小分子化合物如氢气、二氧化碳、短链脂肪酸和醇。最后,互营细菌和产甲烷古菌通过互营代谢产生甲烷。甲烷主要通过乙酸发酵和二氧化碳还原途径生成。然而,农村户用沼气的使用率普遍下降,农民的需求意愿减弱,废弃现象日益突出。中小型沼气工程整体运行状况不佳,多数出现亏损,长期可持续运营能力较弱,闲置现象较为严重。此外,当前的沼气工程还面临诸多挑战,包括原料供应困难、储运成本过高、沼液处理难题、科技含量不高以及沼气工程终端产品商品化开发不足等瓶颈。一些工程甚至存在沼气排放和沼液二次污染等严重问题,因此中国沼气工程亟待转型升级。

5.3　古菌与环境保护

人类活动严重地破坏了我们赖以生存的环境,比如近年来在全中国肆虐的沙尘暴,还有日益恶化的水质。人们对蓝天白云和青山绿水的渴望无比热切,治理环境的呼声空前高涨。政府也立志打造"美丽中国",而古菌对于我们治理环境有很多潜在的帮助。

大多数古菌生活在极端环境,如盐分高的湖泊水,极热、极酸和绝对厌氧的环境,以及极冷的环境。适应极端环境的古菌具有一些特殊的辅酶,这些辅酶在我们的环境保护中具有重要的应用价值。

1. 古菌产生的耐热木聚糖可用于造纸工业的清洁生产

造纸工业中的化学漂白产生了大量有毒、致癌的含氯废水,给环境带来严重的污染,用嗜碱菌产生的耐热木聚糖酶代替氯及其衍生物,可以避免污染,同时可以减少纸浆成分的损失。目前市场上主要用木聚糖酶在高温下进行漂白,促进木质素的去除。用普通木聚糖酶处理纸浆时,必须先将纸浆冷却处理后再加热以进行下一个工艺步骤,既浪费时间和能量,又比较烦琐。而利用耐热木聚糖酶进行漂白则在这方面有极大的优越性。经比较,耐热木聚糖酶比目前用于造纸业中的最好的木聚糖酶更具有应用价值。极端嗜碱古菌产生的耐热木聚糖酶用于造纸业的漂白过程，可实现清洁生产，从源头削减污染，对环境保护有重要意义。

2. 古菌用于环保型生物材料的生产

石油制造的塑料在自然环境条件下不易被生物降解，燃烧时又产生大量的有害气体，造成的白色污染问题日益严重。人们一直致力于可生物降解塑料的研究和开发。以微生物发酵法产生的 PHA（聚β2 羟基烷酸）为原料制造的新型塑料，可被多种微生物完全降解，开发应用前景十分可观。极端嗜盐古菌比普通细菌产生的 PHA 中的 PHV（聚β2 羟基戊酸）含量高，可解决目前以 PHB（聚β2 羟基丁酸）制造的塑料韧性不够的问题。而且嗜盐古菌在低盐中细胞自溶的特点，将大大简化后处理生产工艺，有望降低成本。因此极端嗜盐古菌产生的 PHA 将是用于降低白色污染的重要的环保型生物材料，可有效地保护环境。

3. 古菌用于清洁能源的生产

乙醇是理想的清洁能源，利用古菌中嗜热菌的高温酒精发酵，可实现发酵和蒸馏的同步化，解决发酵周期长等问题。工业生产中的有机废物、废水和农业废弃物既是巨大的环境污染源，也是再生能源的主要资源。据统计，我国农作物秸秆年产出量为 6104 亿 t。秸秆、废渣等在高温、酸、碱等条件下易于处理，极端微生物及极端酶能够在此类极端环境中实现普通微生物不能完成的对纤维素、半纤维素的有效转化。利用微生物混合菌群，尤其是嗜碱和嗜热微生物或产甲烷古菌的合理组合，有望直接从秸秆发酵产生乙醇或甲烷，实现环境整治和可再生能源的有机结合。

4. 古菌用于净煤技术

当前，煤炭是我国主要的能源之一，然而大多数煤中都含有很高的无机或有机硫成分，通常含量为 0.125%～7%，煤燃烧产生的 SO_2 直接进入大气中，促进了酸雨的形成。在煤脱硫处理的方法中，微生物除硫既能除去煤中的有机硫,又能除去无机硫,因而具有较高的经济价值和社会效益。在除硫中发挥作用的微生物主要是极端嗜酸菌。研究表明,利用嗜热嗜酸菌(如硫化叶菌)既能脱除煤中的无机硫,也能脱除有机硫。

5.古菌用于极端环境中的污染治理

利用生物方法治理极端环境中的污染物时,普通微生物甚至在实验室构建的工程菌在实际应用中不能发挥作用,而极端微生物则是作用的主体。当高原或纬度高的寒冷地带的河流、湖泊及土壤被污染时,嗜冷微生物可对污染物进行降解和转化。应用低温微生物对广受污染的寒冷地域环境进行废物处理越来越受到人们的重视,受污染寒冷土壤和水体的恢复可通过低温微生物的原位清洁作用来实现。

在目前的工业生产和人类生活所排放的废弃物(如废水、废气、固体废物)中,有些会处于极端的环境状态(高温、低温、高盐、高 pH、低 pH 等)。受极端环境条件的影响,采用常规的生物技术进行净化的处理效果差、效率低,有些则不能进行处理净化,其他处理方法(物化法、化学法)则存在着投资大、运行费用高等缺点。此类废弃物的处理是目前环境保护工作中的难题,而极端古菌具有普通微生物不可比拟的抗逆能力,它们合成的特殊辅酶在极端环境中能保持活性,对极端环境的污染生物治理起着主要作用;同时,它们在清洁能源的生产和环保产品的开发方面具有巨大的应用潜力,将有助于污染预防,从源头上解决环境污染问题。随着越来越多的极端微生物被分离鉴定、新产物的研究与生产、极端酶被分离纯化和极端酶工程研究的进展,极端微生物及其产生的极端酶在环境保护中的应用将会进一步得到拓展。

6.古菌对人类活动的响应

在农业方面,古菌也有重要作用。农田施肥主要是为了给作物补充养分。农田生态系统中的微生物在物质和能量的转化、循环和利用方面起着重要的作用。微生物活动的结果,除了增加土壤中的矿物质营养和腐殖质以外,还能产生多种维生素、抗生素、生长素等,可以促进根系发育,刺激作物生长,增强抗病能力等。施肥会改变农田土壤中的元素浓度，影响微生物的群落结构。比如，氨氧化作用过程是硝化作用的第一步，也是硝化作用的限制性步骤。而参与氨氧化作用过程的微生物有氨氧化细菌（AOB）和氨氧化古菌（AOA）。AOA在氨低浓度的条件下比 AOB 更有亲和性。因此铵盐的浓度不同，可能会导致水稻田中 AOB 和 AOA 的相对含量不同。有研究表明，农田中的 AOB 主要由三个种属组成：亚硝化单胞菌、亚硝化螺旋菌 3a 和亚硝化螺旋菌 3b。分子生物学证据表明农田中亚硝化单胞菌属于优势菌。亚硝化螺旋菌的相对含量随着氮肥的增加而明显地减少，这说明氮肥的多少对 AOB 的群落结构产生了影响，但是 AOA 的群落结构却未见明显的改变。

在人类活动的影响下，生物所需的氮、磷等营养物质大量进入湖泊、河口、海湾等缓流水体，使得水体富营养化，引起藻类及其他浮游生物迅速繁殖，水体溶解氧量下降，水质恶化，鱼类及其他生物大量死亡。水体营养元素和有机质的增加会同时刺激细菌和古菌的迅速繁殖。同时也会打破原来的细菌和古菌的群落结构，而形成明显的优势种，使得群落结构变得单一。由于水体溶解氧减少，形成缺氧环境，并且浮游植物和动物的死亡形成了大量的有机质，产甲烷古菌会成为古菌的优势种属。

第 6 章 古 菌 12 问

古菌多生活在地球上极端的环境或生命出现初期的自然环境中，存在于超高温、高酸碱度、无氧的热液环境中，同时也喜好高盐的极端环境，比如晒盐场、盐湖等；有些菌种也作为共生体而存在于动物消化道内。自 1992 年在海洋中发现了中温古菌之后，土壤、湖泊和河流等常温环境中都已检测到古菌，古菌的生境被极大地拓宽。因此可以说，古菌广泛地分布在地球的环境中。对古菌的各种生存方式仍然有太多问题需要回答，在此只给出 12 个代表性的例子。

1. 为什么古菌可以在高达 100℃ 的陆地热泉和深海热液中生存？

嗜热古菌之所以耐高温，原因在于它具有特殊的细胞膜结构、热稳定的蛋白组及受保护的基因组。同时其生活方式多为化能自养，通过摄取无机物等简单物质就可以产生能量。

首先，古菌的细胞膜很独特，它一般是单层磷脂分子层，链接甘油分子和碳链骨架的是醚键，比细菌细胞膜脂类化合物的酯键更稳定，并且碳链骨架上含有五元环或六元环（图 6.1），这些特征都使古菌的细胞膜很稳定，流动性和渗透性更强，从而为古菌细胞内的物质提供一个稳定的内环境。其次，古菌含有一些独有的基因，能指导合成一些很独特的酶，用于催化相关的新陈代谢过程，并且能使古菌细胞内的生命物质保持活性。在高温陆地热泉和深海热液系统中，有硫磺、CO_2 和 H_2 等还原性气体，有些古菌能够通过氧化硫化物或者

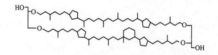

图 6.1 碳链上含有五元环和六元环的脂类（crenarchaeol）

利用 CO_2 和 H_2 合成 CH_4 从而获取能量。

2. 古菌能忍受的最高温度是多少?

2003 年,科学家在 2400 多米的深海中发现了一种奇特的微生物,它们长期生存在含铁、硫等矿物的深海热液口附近,在 121℃高温时仍具有繁殖能力。这株名为"菌株 121"的古菌,也是当时已知最为耐热的生命。如今,微生物承受的温度极限进一步刷新。科学家发现,同样来自深海热液区的另一株极端嗜热甲烷古菌——"菌株 116",在 20MPa 高压条件下,其生长的温度极限可由原来的 116℃提升至 122℃。

3. 高温热泉中古菌的生长繁殖速率会比常温下的土壤中的古菌的生长繁殖速率快吗?

首先,有一点是对的,在高温的热泉中,物质循环的速率会比土壤中的物质循环速率快,这里单指物理化学过程。但是生命活动和生命参与的生物过程就不一定了,因为古菌生长和繁殖还需要组成生命的物质,包括营养元素比如氮、磷和硫,还有氨基酸和微量元素等。土壤中的营养物质比热泉中的丰富,而且目前的研究表明,土壤中古菌的生物量总体来说比热泉中的多。但是由于古菌生长和繁殖受到多种因素的影响,目前无法回答这个问题,也许两种可能性都有,这一问题有待今后的研究来回答。

4. 科学家们在南极冰川、青藏高原的严寒环境中都有发现古菌,是什么帮助古菌在如此极端低温的环境中生存的?

目前我们认为,古菌能在各种绝地生存的秘诀,在于它具有独特的细胞结构。比如嗜冷古菌的细胞膜中不饱和脂肪酸含量很高。不饱和脂肪酸具有保证细胞正常的生理功能、提高细胞活性等功能。嗜冷古菌靠它在极低温度下使细胞膜保持流动性。同时,嗜冷古菌细胞具有特殊的表面蛋白,可以使它们在低温下聚集以便"互相取暖",而且胞内的具防冻剂功能的相似相容性物质可以保护胞内蛋白不受损伤。

5. 极酸环境中古菌是如何维持细胞内中性，适应外部酸性环境的呢？

在火山区或含硫量极为丰富的地区、地热区酸性热泉和硫质喷气孔以及海底热液口或发热的废煤堆等pH往往在1以下的极酸环境中仍然存在一些古菌，如硫化叶菌、嗜酸两面菌和金属球菌（*Metallosphaero*）、热原体等。它们的细胞内环境近乎中性。最初对于这种现象的解释有三种假说：

（1）质子泵说，认为膜内质子通过呼吸链"泵"到膜外，膜运载蛋白与H^+结合，利用质子动力将结合的基质运送到细胞内，从而使膜内保持一定H^+浓度。

（2）屏蔽说，认为细胞质膜是两种环境的渗透屏蔽物，使外部H^+或OH都不能进入细胞内。

（3）道南（Donnan）平衡说，认为细胞质膜存在高分子电解质，产生的大离子不能透过膜。所构成的道南电位使小离子向膜两侧扩散达到平衡，则膜外过量的H^+不能进入膜内，致使膜内维持中性状态。

有人用质子泵说来解释其抗酸机制，但还无直接实验数据，另有人用屏蔽说和道南平衡说来解释。有研究发现，即使终止呼吸系统和能量代谢，细胞内仍保持着中性，此时质子泵说和道南平衡说并不能解释细胞内呈中性的原因，而用细胞质膜对H^+的不通透性才能说明问题。近年来的研究表明，在这些古菌的细胞壁和细胞膜上有阻止H^+进入细胞内的成分；细胞壁和膜上含有一些特殊的化学成分使得它们具有抗酸能力；有的菌具有能编码高的氧还电势铁硫蛋白基因和铁质兰素的基因。铁质兰素是一种酸稳定性蛋白质，它定位的喜氢环境和稳定性程度很高的蛋白质二级结构使其具有很高的酸适应性。嗜酸菌能适应极酸环境，可能是综合了上述多方面的原因。

6. 嗜盐古菌适应高盐环境的"独门秘诀"是什么？

有一类古菌喜欢生活在高盐度的环境中，叫嗜盐古菌。它们主要生长在盐湖（如中国的青海湖、美国的大盐湖、中东的死海）、盐场等浓缩海水中，以及腌鱼、腌兽皮等盐制品上。嗜盐古菌一般生活在10%～30%的盐溶液中，它们必须有独门秘诀，否则无法生存，并且它们的独门秘诀可不只是一种。下面就来一一介绍：

（1）嗜盐古菌的 Na^+ 依存性。嗜盐古菌要在高盐环境下生存，Na^+ 对维持细胞膜、细胞壁构造和功能有特别重要的作用。主要表现在：Na^+ 与细胞膜成分发生特异作用而增强了膜的机械强度，有利于维持细胞膜的构造，对阻止嗜盐古菌的溶菌起着重要作用；在细胞膜的功能方面，嗜盐古菌中氨基酸和糖的能动运输系统内必须有 Na^+ 存在，而且 Na^+ 作为产能的呼吸反应中一个必需因子起着作用；Na^+ 被束缚在嗜盐古菌细胞壁的外表面，起着维持细胞完整性的重要作用。

（2）嗜盐古菌中酶的盐适应特性。嗜盐酶只有在高盐浓度下才具有活性，盐去除后，嗜盐酶失活，嗜盐酶在低盐浓度下（1.0mol/L 的 NaCl 和 KCl 条件下）大多数变性失活，将盐再缓慢加回，发现可恢复酶活性。

（3）嗜盐古菌质膜、色素及 H^+ 泵作用。嗜盐古菌具有特殊的膜，其细胞膜外有一个亚基呈六角形排列的 S 单层，S 层呈负电性，可以使组成亚基的糖蛋白得到屏蔽，在高盐环境中保持稳定。限制通气，即低氧压或厌氧情况下光照培养，极端嗜盐菌产生红紫色菌体，这种菌体的细胞膜上，有紫膜膜片组织。紫膜中含有菌视紫素或称视紫红质，它的结构会因黑暗和光照的交替而发生转变，在转变的过程中使 H^+（质子）转移到膜的外面，如此重复可以形成质膜上的 H^+ 梯度差，即质子泵（H^+ 泵），产生电化势，菌体利用这种电化势在 ATP 酶的催化下，进行 ATP 的合成，贮备生命活动所需要的能量。

7. 奇古菌有哪些奇特的地方？

首先，奇古菌在地球上广泛分布，和广古菌相当。在海洋中，奇古菌占到浮游微型生物的 20%左右。随着新的发现越来越多，这一数字只会越来越大。并且目前培养出来的奇古菌大部分都能进行氨氧化作用，并且在自然环境中古菌的氨氧化功能基因分布十分丰富和多样。奇古菌在环境中碳和氮的循环中发挥着巨大的作用。奇古菌合成的泉古菌醇和其他的古菌的脂类化合物相比因含有一个独特的六元环而闻名（图 1.12，图 6.1）。因此泉古菌醇被有机地球化学家当作奇古菌的生物标记化合物，也就是说，只要在环境中检测到了这种化合物，就可以说这种环境中有奇古菌的存在。

8. 奇古菌都是中温古菌吗？

虽然目前发现的奇古菌广泛分布在中温环境中，如海洋、湖泊、河流和土壤，但 2008 年在俄罗斯、美国和中国的热泉中都有检测到氨氧化古菌的 *amoA* 基因（Zhang G S et al.，2008）；同年有外国科学家从 46℃和 72℃的陆地热泉中富集培养出两株奇古菌；时隔两年，中国地质大学（武汉）蒋宏尘教授利用 RNA 技术发现云南热泉中的古菌 *amoA* 基因有表达，即催化了氨氧化作用（Jiang et al.，2010）；中山大学谢伟教授等利用有机地球化学的手段也在腾冲热泉中检测到了奇古菌的生物标记化合物奇古菌醇（Xie et al.，2015）。这些证据都表明奇古菌在陆地热泉的高温环境中也可以生存。所以奇古菌不都是中温古菌。

9. 奇古菌都能进行氨氧化作用吗？

首先科学家判断一株新分离出来的古菌是不是属于奇古菌，主要是根据其核糖体上的 16S rRNA 基因序列跟世界上已知的古菌的序列比对结果，而不是通过研究它能不能进行氨氧化作用来判断的。目前利用分子生物学的方法在自然环境中检测到了丰富多样的奇古菌的 16S rRNA 和能催化氨氧化的氨氧化基因 *amoA*，但是由于没有在实验室被培养出来，没有办法进行进一步的研究从而判断它们的 *amoA* 基因是否表达，是否能氧化氨。Muller 等（2010）从海口浅水区富含硫酸盐的环境中得到了两个巨大的奇古菌，但是并没有从中检测到氨氧化基因 *amoA*，有一个被推测可能与硫的转化相关，其功能有待进一步验证（Muller et al.，2010）。

10. 深海中的古菌有哪些？它们怎么生活的？

深海表层沉积物中的古菌主要是甲烷厌氧氧化古菌、产甲烷古菌，其次还有一些氨氧化古菌和其他各种类型的古菌。海洋表层中的生物死亡之后的残骸有极少的一部分会沉到海底，与深海生物死亡之后的残骸一起被异养微生物分解，产生硝酸盐、磷酸盐等营养物质，硝酸盐被反硝化菌还原成 NH_4^+，氨氧化古菌可以氧化 NH_4^+（NH_3）获得能量，并将 CO_2 合成有机质。深海沉积物中有机质被分解后产生的小分子甲酸、乙酸等会被产甲烷古菌进一步利用，其代谢产物是 CH_4，而甲烷又可以被甲烷厌氧氧化菌利用从而获得能量和生命物质。由于深海中的古菌不容易培养，我们对它们的认识还很肤浅，并且还有一些古菌可能由于受到目前研究手段的限制并没有被我们检测到，因此我们对深海古菌的认识，就像盲人摸象，只是摸到了象的某一个部分而已，而我们的目标是要完整地认识大象，因此还有很多的挑战和困难，需要我们去面对和克服。

11. 如何判断某一环境中是否存在古菌？

判断某环境中是否存在古菌，主要有生物学和有机化学的方法。生物学方法又有以下几种：根据古菌 16S rRNA 序列设计引物进行原位荧光杂交的方法检测原环境中是否存在古菌；也可以将样品采集回实验室并提取环境样品中的遗传物质 DNA 或 RNA，然后进行检测分析看是否存在古菌的遗传物质；还可以在实验室通过人为的设计实验进行富集培养，该种方法主要是为了得到某一特定种类的古菌，以便更深入地进行研究。有机化学的方法是提取环境样品中的有机质，然后对有机质进行检测和分析，如果仪器有检测到古菌的特定的细胞膜脂类化合物就可以说明环境中存在过古菌。当然每一种方法都有其局限性和最低检测线，因此我们一般综合多种方法来进行分析。

12. 古菌死了会留下什么？

古菌细胞主要包括三大类物质：核糖核苷酸组成的遗传物质 DNA 和 RNA，氨基酸组成的蛋白质，以及构成古菌细胞膜的主要物质脂类化合物。古菌死亡之后细胞裂解，蛋白质最容易被分解，其次是 RNA 和 DNA，最后是脂类化合物。在有水、高温、光照和氧气的条件下，这些物质分解得更快。这些大分子物质被分解成小分子物质之后，又会被其他的生命体吸收利用。但是在特定的条件下，极少一部分 DNA 和脂类化合物会被快速埋藏在地下，来不及分解，因为地下低温、黑暗等条件而被保存下来。在理想的保存条件下，DNA 可以保存 1000～10000 年，而脂类化合物的碳骨架可以保存得更久。随着埋藏时间的增加，埋藏深度逐渐加深，地下温度逐渐升高，DNA 最终会完全降解，而脂类化合物的部分基团会脱落或者和其他的小分子结合，最终以最稳定的结构长期保存在地层中。

参 考 文 献

陈雨霏, 陈华慧, 曾芝瑞. 2022. 古菌和细菌四醚膜脂 GDGTs 的生物合成机制及其生物地球
化学意义. 微生物学报, 62(12): 4700-4712.

党亚锋, 陈波, 张琦, 黄晓星, 魏云林, 林连兵. 2012. 腾冲热海高温酸性热泉类病毒颗粒的多
样性. 应用与环境生物学报, (02): 256-261.

东秀珠, 李猛, 向华, 徐俊, 王风平, 申玉龙, 张臻峰, 韩静, 李洁, 李明, 黄力. 2019. 探秘生命的
第三种形式——我国古菌研究之回顾与展望. 中国科学: 生命科学, 49(11): 1520-1542.

易悦, 周卓, 黄艳, 承磊. 2023. 我国产甲烷古菌研究进展与展望. 微生物学
报, 63(5): 1796-1814.

周雷, 刘来雁, 刘鹏飞, 承磊. 2020. 佛斯特拉古菌门（Verstraetearchaeota）研究进展. 生物
资源, 42(5): 515-521.

Adam P S, Borrel G, Brochier-Armanet C, Gribaldo S. 2017. The growing tree of Archaea: new
perspectives on their diversity, evolution and ecology. ISME J, 11(11): 2407-2425.

Atanasova N S, Roine E, Oren A, Bamford D H, Oksanen H M. 2012. Global network of specific
virus-host interactions in hypersaline environments. Environmental Microbiology, 14(2): 426-440.

Baker B J, Saw J H, Lind A E, Lazar C S, Hinrichs K U, Teske A P, Ettema T J. 2016. Genomic
inference of the metabolism of cosmopolitan subsurface Archaea, Hadesarchaea. Nat
Microbiol, 1: 16002.

Baker B J, de Anda V, Seitz K W, Dombrowski N, Santoro A E, Lloyd K G. 2020. Diversity,
ecology and evolution of Archaea. Nature Microbiology, 5(7): 887-900.

Bano N, Ruffin S, Ransom B, Hollibaugh J T. 2004. Phylogenetic composition of Arctic Ocean
archaeal assemblages and comparison with Antarctic assemblages. Applied and Environmental
Microbiology, 70(2): 781-789.

Barns S M, Delwiche C F, Palmer J D, Pace N R. 1996. Perspectives on archaeal diversity, thermophily and monophyly from environmental rRNA sequences. Proceedings of the National Academy of Sciences of the United States of America, 93 (17): 9188-9193.

Beja O, Suzuki M T, Koonin E V, Aravind L, Hadd A, Nguyen L P, Villacorta R, Amjadi M, Garrigues C, Jovanovich S B, Feldman R A, DeLong E F. 2000. Construction and analysis of bacterial artificial chromosome libraries from a marine microbial assemblage. Environmental Microbiology, 2 (5): 516-529.

Biddle J F, Lipp J S, Lever M A, Lloyd K G, Sorensen K B, Anderson R, Fredricks H F, Elvert M, Kelly T J, Schrag D P, Sogin M L, Brenchley J E, Teske A, House C H, Hinrichs K U. 2006. Heterotrophic Archaea dominate sedimentary subsurface ecosystems off Peru. Proceedings of the National Academy of Sciences of the United States of America, 103 (10): 3846-3851.

Biddle J F, Cardman Z, Mendlovitz H, Albert D B, Lloyd K G, Boetius A, Teske A. 2012. Anaerobic oxidation of methane at different temperature regimes in Guaymas Basin hydrothermal sediments. ISME J, 6 (5): 1018-1031.

Blöchl E, Rachel R, Burggraf S, Hafenbradl D, Jannasch H W, Stetter K O. 1997. *Pyrolobus fumarii*, gen. and sp. nov., represents a novel group of archaea, extending the upper temperature limit for life to 113℃. Extremophiles, 1: 14-21.

Blumenberg M, Seifert R, Reitner J, Pape T, Michaelis W. 2004. Membrane lipid patterns typify distinct anaerobic methanotrophic consortia. Proc Natl Acad Sci U S A, 101 (30): 11111-11116.

Brochier-Armanet C, Boussau B, Gribaldo S, Forterre P. 2008. Mesophilic Crenarchaeota: proposal for a third archaeal phylum, the Thaumarchaeota. Nat Rev Microbiol, 6 (3): 245-252.

Brock T D, Boylen K L. 1973. Presence of thermophilic bacteria in laundry and domestic hot-water heaters. Applied Microbiology, 25 (1): 72-76.

Bulzu P A, Andrei A S, Salcher M M, Mehrshad M, Inoue K, Kandori H, Beja O, Ghai R, Banciu H L. 2019. Casting light on Asgardarchaeota metabolism in a sunlit microoxic niche. Nat Microbiol, 4 (7): 1129-1137.

Caforio A, Siliakus M F, Exterkate M, Jain S, Jumde V R, Andringa R L H, Kengen S W M, Minnaard A J, Driessen A J M, Van Der Oost J. 2018. Converting Escherichia coli into an archaebacterium with a hybrid heterochiral membrane. PNAS, 115 (14): 3704-3709.

Cai R, Zhou W, He C, Tang K, Guo W, Shi Q, Gonsior M, Jiao N. 2019. Microbial processing of sediment-derived dissolved organic matter: implications for its subsequent biogeochemical cycling in overlying seawater. Journal of Geophysical Research: Biogeosciences, 124(11): 3479-3490.

Castelle C J, Wrighton K C, Thomas B C, Hug L A, Brown C T, Wilkins M J, Frischkorn K R, Tringe S G, Singh A, Markillie L M, Taylor R C, Williams K H, Banfield J F. 2015. Genomic expansion of domain archaea highlights roles for organisms from new phyla in anaerobic carbon cycling. Curr Biol, 25(6): 690-701.

Chen T Y, Tai J H, Ko C Y, Hsieh C H, Chen C C, Jiao N Z, Liu H B, Shiah F K. 2016a. Nutrient pulses driven by internal solitary waves enhance heterotrophic bacterial growth in the South China Sea. Environmental Microbiology, 18(12): 4312-4323.

Chen Y F, Zhang C L, Jia C L, Zheng F F, Zhu C. 2016b. Tracking the signals of living archaea: a multiple reaction monitoring(MRM)method for detection of trace amounts of intact polar lipids from the natural environment. Organic Geochemistry, 97: 1-4.

Chen Y, Zheng F, Yang H, Yang W, Wu R, Liu X, Liang H, Chen H, Pei H, Zhang C, Pancost R D, Zeng Z. 2022. The production of diverse brGDGTs by an Acidobacterium providing a physiological basis for paleoclimate proxies. Geochimica et Cosmochimica Acta, 337: 155-165.

Cheng L, Qiu T L, Yin X B, Wu X L, Hu G Q, Deng Y, Zhang H. 2007. *Methermicoccus shengliensis* gen. nov., sp. nov., a thermophilic, methylotrophic methanogen isolated from oil-production water, and proposal of Methermicoccaceae fam. nov. International Journal of Systematic and Evolutionary Microbiology, 57: 2964-2969.

Cheng L, Wu K, Zhou L, Tahon G, Liu L, Li J, Zhang J, Zheng F, Deng C, Han W, Bai L, Fu L, Dong X, Zhang C, Ettema T, Diana S. 2023. Isolation of a methyl-reducing methanogen outside the Euryarchaeota. DOI: https://doi.org/10.21203/rs.3.rs-2501667/v1

Coolen M J L, Cypionka H, Sass A M, Sass H, Overmann J. 2002. Ongoing modification of Mediterranean Pleistocene sapropels mediated by prokaryotes. Science, 296(5577): 2407-2410.

da Cunha V, Gaia M, Gadelle D, Nasir A, Forterre P. 2017. Lokiarchaea are close relatives of Euryarchaeota, not bridging the gap between prokaryotes and eukaryotes. PLoS Genet, 13(6):

e1006810.

Damste J S S, Rijpstra W I C, Hopmans E C, Prahl F G, Wakeham S G, Schouten S. 2002. Distribution of membrane lipids of planktonic Crenarchaeota in the Arabian sea. Applied and Environmental Microbiology, 68(6): 2997-3002.

de Jonge C, Hopmans E C, Zell C I, Kim J-H, Schouten S, Sinninghe Damsté J S. 2014. Occurrence and abundance of 6-methyl branched glycerol dialkyl glycerol tetraethers in soils: implications for palaeoclimate reconstruction. Geochimica et Cosmochimica Acta, 141: 97-112.

DeLong E F. 1992. Archaea in coastal marine environments. Proc Natl Acad Sci U S A, 89(12): 5685-5689.

Escala M, Rosell-Mele A, Masque P. 2007. Rapid screening of glycerol dialkyl glycerol tetraethers in continental Eurasia samples using HPLC/APCI-ion trap mass spectrometry. Organic Geochemistry, 38(1): 161-164.

Evans P N, Parks D H, Chadwick G L, Robbins S J, Orphan V J, Golding S D, Tyson G W. 2015. Methane metabolism in the archaeal phylum Bathyarchaeota revealed by genome-centric metagenomics. Science, 350(6259): 434-438.

Fillol M, Auguet J C, Casamayor E O, Borrego C M. 2016. Insights in the ecology and evolutionary history of the Miscellaneous Crenarchaeotic Group lineage. ISME Journal, 10(3): 665-677.

Fortunat Joos, Prentice I C, Sitch S, Meyer R, Hooss G, Plattner G K, Gerber S, Hasselmann K. 2001. Global warming feedbacks on terrestrial carbon uptake under the Intergovernmental Panel on Climate Change(IPCC)Emission Scenarios. Global Biogeochemical Cycles, 15(4): 891-907.

Frigaard N U, Martinez A, Mincer T J, DeLong E F. 2006. Proteorhodopsin lateral gene transfer between marine planktonic Bacteria and Archaea. Nature, 439(7078): 847-850.

Fry J C, Parkes R J, Cragg B A, Weightman A J, Webster G. 2008. Prokaryotic biodiversity and activity in the deep subseafloor biosphere. FEMS Microbiology Ecology, 66(2): 181-196.

Fuhrman J A, Davis A A. 1997. Widespread archaea and novel bacteria from the deep sea as shown by 16S rRNA gene sequences. Marine Ecology Progress Series, 150(1-3): 275-285.

Fuhrman J A, Mccallum K, Davis A A. 1992. Novel Major Archaebacterial Group from Marine Plankton. Nature, 356(6365): 148-149.

Galand P E, Casamayor E O, Kirchman D L, Potvin M, Lovejoy C. 2009. Unique archaeal assemblages in the Arctic Ocean unveiled by massively parallel tag sequencing(vol 7, pg 860, 2009). ISME Journal, 3(9): 1116.

Galand P E, Gutierrez-Provecho C, Massana R, Gasol J M, Casamayor E O. 2010. Inter-annual recurrence of archaeal assemblages in the coastal NW Mediterranean Sea(Blanes Bay Microbial Observatory). Limnology and Oceanography, 55(5): 2117-2125.

Greenwood P F, Summons R E. 2003. GC-MS detection and significance of crocetane and pentamethylicosane in sediments and crude oils. Organic Geochemistry, 34(8): 1211-1222.

Grogan D, Palm P, Zillig W. 1990. Isolate-B12, which harbors a virus-like element, represents a new species of the archaebacterial genus *Sulfolobus*, *Sulfolobus shibatae*, sp. nov. Archives of Microbiology, 154(6): 594-599.

Halamka T A, McFarlin J M, Younkin A D, Depoy J, Dildar N, Kopf S H. 2021. Oxygen limitation can trigger the production of branched GDGTs in culture. Geochemical Perspectives Letters, 19: 36-39.

He Y, Li M, Perumal V, Feng X, Fang J, Xie J, Sievert S M, Wang F. 2016. Genomic and enzymatic evidence for acetogenesis among multiple lineages of the archaeal phylum Bathyarchaeota widespread in marine sediments. Nature Microbiology, 1(6): 1-9.

Herfort L, Schouten S, Boon J P, Woltering M, Baas M, Weijers J W H, Damste J S S. 2006. Characterization of transport and deposition of terrestrial organic matter in the southern North Sea using the BIT index. Limnology and Oceanography, 51(5): 2196-2205.

Herndl G J, Reinthaler T, Teira E, van Aken H, Veth C, Pernthaler A, Pernthaler J. 2005. Contribution of Archaea to total prokaryotic production in the deep Atlantic Ocean. Applied and Environmental Microbiology, 71(5): 2303-2309.

Hopmans E C, Schouten S, Pancost R D, van der Meer M T J, Damste J S S. 2000. Analysis of intact tetraether lipids in archaeal cell material and sediments by high performance liquid chromatography/atmospheric pressure chemical ionization mass spectrometry. Rapid

Communications in Mass Spectrometry, 14(7): 585-589.

Hopmans E C, Weijers J W H, Schefuss E, Herfort L, Damste J S S, Schouten S. 2004. A novel proxy for terrestrial organic matter in sediments based on branched and isoprenoid tetraether lipids. Earth and Planetary Science Letters, 224(1-2): 107-116.

Huber H, Hohn M J, Rachel R, Fuchs T, Wimmer V C, Stetter K O. 2002. A new phylum of Archaea represented by a nanosized hyperthermophilic symbiont. Nature, 417(6884): 63-67.

Hugoni M, Taib N, Debroas D, Domaizon I, Dufournel I J, Bronner G, Salter I, Agogue H, Mary I, Galand P E. 2013. Structure of the rare archaeal biosphere and seasonal dynamics of active ecotypes in surface coastal waters. Proceedings of the National Academy of Sciences of the United States of America, 110(15): 6004-6009.

Huguet C, Hopmans E C, Febo-Ayala W, Thompson D H, Damste J S S, Schouten S. 2006a. An improved method to determine the absolute abundance of glycerol dibiphytanyl glycerol tetraether lipids. Organic Geochemistry, 37(9): 1036-1041.

Huguet C, Kim J H, Damste J S S, Schouten S. 2006b. Reconstruction of sea surface temperature variations in the Arabian Sea over the last 23 kyr using organic proxies (TEX86 and U-37(K')). Paleoceanography, 21(3): 1-13.

Huguet C, Smittenberg R H, Boer W, Damste J S S, Schouten S. 2007. Twentieth century proxy records of temperature and soil organic matter input in the Drammensfjord, southern Norway. Organic Geochemistry, 38(11): 1838-1849.

Huguet C, de Lange G J, Gustafsson O, Middelburg J J, Damste J S S, Schouten S. 2008. Selective preservation of soil organic matter in oxidized marine sediments (Madeira Abyssal Plain). Geochimica Et Cosmochimica Acta, 72(24): 6061-6068.

Imachi H, Nobu M K, Nakahara N, Morono Y, Ogawara M, Takaki Y, Takano Y, Uematsu K, Ikuta T, Ito M, Matsui Y, Miyazaki M, Murata K, Saito Y, Sakai S, Song C, Tasumi E, Yamanaka Y, Yamaguchi T, Kamagata Y, Tamaki H, Takai K. 2020. Isolation of an archaeon at the prokaryote-eukaryote interface. Nature, 577(7791): 519-525.

Inagaki F, Suzuki M, Takai K, Oida H, Sakamoto T, Aoki K, Nealson K H, Horikoshi K. 2003. Microbial communities associated with geological horizons in coastal subseafloor sediments from the Sea of Okhotsk. Applied and Environmental Microbiology, 69(12): 7224-7235.

Inagaki F, Nunoura T, Nakagawa S, Teske A, Lever M, Lauer A, Suzuki M, Takai K, Delwiche M, Colwell F S, Nealson K H, Horikoshi K, D'Hondt S, Jorgensen B B. 2006. Biogeographical distribution and diversity of microbes in methane hydrate-bearing deep marine sediments, on the Pacific Ocean Margin. Proceedings of the National Academy of Sciences of the United States of America, 103(8): 2815-2820.

Iverson V, Morris R M, Frazar C D, Berthiaume C T, Morales R L, Armbrust E V. 2012. Untangling genomes from metagenomes: revealing an uncultured class of marine Euryarchaeota. Science, 335(6068): 587-590.

Jia G D, Zhang J, Chen J F, Peng P A, Zhang C L. 2012. Archaeal tetraether lipids record subsurface water temperature in the South China Sea. Organic Geochemistry, 50: 68-77.

Jiang H C, Huang Q Y, Dong H L, Wang P, Wang F P, Li W J, Zhang C L. 2010. RNA-based investigation of ammonia-oxidizing archaea in Hot Springs of Yunnan Province, China. Applied and Environmental Microbiology, 76(13): 4538-4541.

Jiao N, Herndl G J, Hansell D A, Benner R, Kattner G, Wilhelm S W, Kirchman D L, Weinbauer M G, Luo T W, Chen F, Azam F. 2010. Microbial production of recalcitrant dissolved organic matter: long-term carbon storage in the global ocean. Nature Reviews Microbiology, 8(8): 593-599.

Jorgensen SL, Hannisdal B, Lanzén A, Baumberger T, Flesland K, Fonseca R, Ovreås L, Steen I H, Thorseth I H, Pedersen R B, Schleper C. 2012. Correlating microbial community profiles with geochemical data in highly stratified sediments from the Arctic Mid-Ocean Ridge. Proceedings of the National Academy of Sciences of the United States of America, 109(42): E2846-E2855.

Kim J H, Schouten S, Hopmans E C, Donner B, Damste J S S. 2008. Global sediment core-top calibration of the TEX$_{86}$ paleothermometer in the ocean. Geochimica Et Cosmochimica Acta, 72(4): 1154-1173.

Kim J H, Zell C, Moreira-Turcq P, Perez M A P, Abril G, Mortillaro J M, Weijers J W H, Meziane T, Damste J S S. 2012. Tracing soil organic carbon in the lower Amazon River and its tributaries using GDGT distributions and bulk organic matter properties. Geochimica et Cosmochimica

Acta, 90: 163-180.

Konneke M, Bernhard A E, de la Torre J R, Walker C B, Waterbury J B, Stahl D A. 2005. Isolation of an autotrophic ammonia-oxidizing marine archaeon. Nature, 437(7058): 543-546.

Konneke M, Schubert D M, Brown P C, Hugler M, Standfest S, Schwander T, von Borzyskowski L S, Erb T J, Stahl D A, Berg I A. 2014. Ammonia-oxidizing archaea use the most energy-efficient aerobic pathway for CO_2 fixation. Proceedings of the National Academy of Sciences of the United States of America, 111(22): 8239-8244.

Koskinen K, Pausan M R, Perras A K, Beck M, Bang C, Mora M, Schilhabel A, Schmitz R, Moissl-Eichinger C. 2017. First insights into the diverse human archaeome: specific detection of archaea in the gastrointestinal tract, lung, and nose and on skin. MBio, 8(6): e00824-17.

Kuang J L, Huang L N, Chen L X, Hua Z S, Li S J, Hu M, Li J T, Shu W S. 2013. Contemporary environmental variation determines microbial diversity patterns in acid mine drainage. ISME Journal, 7(5): 1038-1050.

Kubo K, Lloyd K G, Biddle J F, Amann R, Teske A, Knittel K. 2012. Archaea of the Miscellaneous Crenarchaeotal Group are abundant, diverse and widespread in marine sediments. ISME Journal, 6(10): 1949-1965.

Kuypers M M M, Blokker P, Erbacher J, Kinkel H, Pancost R D, Schouten S, Damste J S S. 2001. Massive expansion of marine archaea during a mid-Cretaceous oceanic anoxic event. Science, 293(5527): 92-94.

Lazar C S, Biddle J F, Meador T B, Blair N, Hinrichs K U, Teske A P. 2015. Environmental controls on intragroup diversity of the uncultured benthic archaea of the miscellaneous Crenarchaeotal group lineage naturally enriched in anoxic sediments of the White Oak River estuary(North Carolina, USA). Environmental Microbiology, 17(7): 2228-2238.

Lazar C S, Baker B J, Seitz K, Hyde A S, Dick G J, Hinrichs K U, Teske A P. 2016. Genomic evidence for distinct carbon substrate preferences and ecological niches of Bathyarchaeota in estuarine sediments. Environmental Microbiology, 18(4): 1200-1211.

Lazar C S, Baker B J, Seitz K W, Teske A P. 2017. Genomic reconstruction of multiple lineages of uncultured benthic archaea suggests distinct biogeochemical roles and ecological niches. ISME J,

11(5): 1118-1129.

Leininger S, Urich T, Schloter M, Schwark L, Qi J, Nicol G W, Prosser J I, Schuster S C, Schleper C. 2006. Archaea predominate among ammonia-oxidizing prokaryotes in soils. Nature, 442(7104): 806-809.

Li F, Zheng F, Wang Y, Liu W, Zhang C L. 2017. Thermoplasmatales and Methanogens: potential association with the crenarchaeol production in Chinese soils. Front Microbiol, 8: 1200.

Li M, Wang R, Zhao D H, Xiang H. 2014. Adaptation of the *Haloarcula hispanica* CRISPR-Cas system to a purified virus strictly requires a priming process. Nucleic Acids Research, 42(4): 2483-2492.

Li M, Baker B J, Anantharaman K, Jain S, Breier J A, Dick G J. 2015. Genomic and transcriptomic evidence for scavenging of diverse organic compounds by widespread deep-sea archaea. Nature Communications, 6(1): 8933.

Li P Y, Xie B B, Zhang X Y, Qin Q L, Dang H Y, Wang X M, Chen X L, Yu J, Zhang Y Z. 2012. Genetic structure of three fosmid-fragments encoding 16S rRNA genes of the Miscellaneous Crenarchaeotic Group(MCG): implications for physiology and evolution of marine sedimentary archaea. Environmental Microbiology, 14(2): 467-479.

Liang W, Yu T, Dong L, Jia Z, Wang F. 2023. Determination of carbon-fixing potential of Bathyarchaeota in marine sediment by DNA stable isotope probing analysis. Science China Earth Sciences, 66(4): 910-917.

Lima-Mendez G, Faust K, Henry N, Decelle J, Colin S, Carcillo F, Chaffron S, Ignacio-Espinosa J C, Roux S, Vincent F, Bittner L, Darzi Y, Wang J, Audic S, Berline L, Bontempi G, Cabello A M, Coppola L, Cornejo-Castillo F M, d'Ovidio F, de Meester L, Ferrera I, Garet-Delmas M J, Guidi L, Lara E, Pesant S, Royo-Llonch M, Salazar G, Sanchez P, Sebastian M, Souffreau C, Dimier C, Picheral M, Searson S, Kandels-Lewis S, Gorsky G, Not F, Ogata H, Speich S, Stemmann L, Weissenbach J, Wincker P, Acinas S G, Sunagawa S, Bork P, Sullivan M B, Karsenti E, Bowler C, de Vargas C, Raes J, Acinas S G, Bork P, Boss E, Bowler C, de Vargas C, Follows M, Gorsky G, Grimsley N, Hingamp P, Iudicone D, Jaillon O, Kandels-Lewis S, Karp-Boss L, Karsenti E, Krzic U, Not F, Ogata H, Pesant S, Raes J, Reynaud E G, Sardet C,

Sieracki M, Speich S, Stemmann L, Sullivan M B, Sunagawa S, Velayoudon D, Weissenbach J, Wincker P, Coordinators T O. 2015. Determinants of community structure in the global plankton interactome. Science, 348(6237): 1262073.

Liu B, Ye G B, Wang F P, Bell R, Noakes J, Short T, Zhang C L. 2009. Community structure of Archaea in the water column above gas hydrates in the Gulf of Mexico. Geomicrobiology Journal, 26(6): 363-369.

Liu H D, Zhang C L L, Yang C Y, Chen S Z, Cao Z W, Zhang Z W, Tian J W. 2017. Marine Group II dominates planktonic Archaea in water column of the northeastern South China Sea. Frontiers in Microbiology, 8: 1098.

Liu H L, Wu Z F, Li M, Zhang F, Zheng H J, Han J, Liu J F, Zhou J, Wang S Y, Xiang H. 2011. Complete genome sequence of *Haloarcula hispanica*, a model haloarchaeon for studying genetics, metabolism, and virus-host interaction. Journal of Bacteriology, 193(21): 6086-6087.

Liu J W, Yu S L, Zhao M X, He B Y, Zhang X H. 2014. Shifts in archaeaplankton community structure along ecological gradients of Pearl Estuary. FEMS Microbiology Ecology, 90(2): 424-435.

Liu W W, Pan J, Feng X, Li M, Xu Y, Wang F, Zhou N Y. 2020. Evidences of aromatic degradation dominantly via the phenylacetic acid pathway in marine benthic Thermoprofundales. Environ Microbiol, 22(1): 329-342.

Liu X, Li M, Castelle C J, Probst A J, Zhou Z, Pan J, Liu Y, Banfield J F, Gu J D. 2018a. Insights into the ecology, evolution, and metabolism of the widespread Woesearchaeotal lineages. Microbiome, 6(1): 102.

Liu Y C, Whitman W B. 2008. Metabolic, phylogenetic, and ecological diversity of the methanogenic archaea. Incredible Anaerobes: from Physiology to Genomics to Fuels, 1125: 171-189.

Liu Y, Makarova K S, Huang W C, Wolf Y I, Nikolskaya A N, Zhang X, Cai M, Zhang C J, Xu W, Luo Z, Cheng L, Koonin E V, Li M. 2021. Expanded diversity of Asgard archaea and their relationships with eukaryotes. Nature, 593(7860): 553-557.

Liu Y, Zhou Z, Pan J, Baker J, Gu J D, Li M. 2018b. Comparative genomic inference suggests mixotrophic lifestyle for Thorarchaeota. ISME J, 12(4): 1021-1031.

Lloyd K G, Schreiber L, Petersen D G, Kjeldsen K U, Lever M A, Steen A D, Stepanauskas R, Richter M, Kleindienst S, Lenk S, Schramm A, Jorgensen B B. 2013. Predominant archaea in marine sediments degrade detrital proteins. Nature, 496(7444): 215-218.

Madigan M T, Clark D P, Stahl D, et al. 2010. Brock Biology of Microorganisms 13th Edition. SanFrancisco: Benjamin Cummings.

Martin-Cuadrado A B, Garcia-Heredia I, Molto A G, Lopez-Ubeda R, Kimes N, Lopez-Garcia P, Moreira D, Rodriguez-Valera F. 2015. A new class of marine Euryarchaeota group II from the mediterranean deep chlorophyll maximum. ISME Journal, 9(7): 1619-1634.

Massana R, DeLong E F, Pedros-Alio C. 2000. A few cosmopolitan phylotypes dominate planktonic archaeal assemblages in widely different oceanic provinces. Applied and Environmental Microbiology, 66(5): 1777-1787.

Mayumi D, Mochimaru H, Tamaki H, Yamamoto K, Yoshioka H, Suzuki Y, Kamagata Y, Sakata S. 2016. Methane production from coal by a single methanogen. Science, 354(6309): 222-225.

Meador T B, Bowles M, Lazar C S, Zhu C, Teske A, Hinrichs K U. 2015. The archaeal lipidome in estuarine sediment dominated by members of the Miscellaneous Crenarchaeotal Group. Environmental Microbiology, 17(7): 2441-2458.

Mei Y J, Chen D, Sun D C, Chen D, Yang Y, Shen P, Chen X D. 2007. Induction and preliminary characterization of a novel halophage SNJ1 from lysogenic *Natrinema* sp F5. Canadian Journal of Microbiology, 53(9): 1106-1110.

Meng J, Xu J, Qin D, He Y, Xiao X, Wang F P. 2014. Genetic and functional properties of uncultivated MCG archaea assessed by metagenome and gene expression analyses. ISME Journal, 8(3): 650-659.

Menot G, Bard E, Rostek F, Weijers J W H, Hopmans E C, Schouten S, Damste J S S. 2006. Early reactivation of European rivers during the last deglaciation. Science, 313(5793): 1623-1625.

Mincer T J, Church M J, Taylor L T, Preston C, Kar D M, DeLong E F. 2007. Quantitative distribution of presumptive archaeal and bacterial nitrifiers in Monterey Bay and the North Pacific Subtropical Gyre. Environmental Microbiology, 9(5): 1162-1175.

Muller F, Brissac T, Le Bris N, Felbeck H, Gros O. 2010. First description of giant Archaea (Thaumarchaeota) associated with putative bacterial ectosymbionts in a sulfidic marine habitat. Environmental Microbiology, 12(8): 2371-2383.

Newberry C J, Webster G, Cragg B A, Parkes R J, Weightman A J, Fry J C. 2004. Diversity of prokaryotes and methanogenesis in deep subsurface sediments from the Nankai Trough, Ocean Drilling Program Leg 190. Environmental Microbiology, 6(3): 274-287.

Oren A, Garrity G M. 2021. Valid publication of the names of forty-two phyla of prokaryotes. International Journal of Systematic and Evolutionary Microbiology, 71(10):005056.

Orsi W D, Smith J M, Wilcox H M, Swalwell J E, Carini P, Worden A Z, Santoro A E. 2015. Ecophysiology of uncultivated marine euryarchaea is linked to particulate organic matter. ISME Journal, 9(8): 1747-1763.

Orsi W D, Smith J M, Liu S T, Liu Z F, Sakamoto C M, Wilken S, Poirier C, Richards T A, Keeling P J, Worden A Z, Santoro A E. 2016. Diverse, uncultivated bacteria and archaea underlying the cycling of dissolved protein in the ocean. ISME Journal, 10(9): 2158-2173.

Pagaling E, Haigh R D, Grant W D, Cowan D A, Jones B E, Ma Y, Ventosa A, Heaphy S. 2007. Sequence analysis of an Archaeal virus isolated from a hypersaline lake in Inner Mongolia, China. BMC Genomics, 8(1): 1-13.

Palatinszky M, Herbold C, Jehmlich N, Pogoda M, Han P, von Bergen M, Lagkouvardos I, Karst S M, Galushko A, Koch H, Berry D, Daims H, Wagner M. 2015. Cyanate as an energy source for nitrifiers. Nature, 524(7563): 105-108.

Pan J, Zhou Z, Béjà O, Cai M, Yang Y, Liu Y, Gu J-D, Li M. 2020. Genomic and transcriptomic evidence of light-sensing, porphyrin biosynthesis, Calvin-Benson-Bassham cycle, and urea production in Bathyarchaeota. Microbiome, 8: 1-12.

Pancost R D, van Geel B, Baas M, Damste J S S. 2000. Delta C-13 values and radiocarbon dates of microbial biomarkers as tracers for carbon recycling in peat deposits. Geology, 28(7): 663-666.

Parkes R J, Webster G, Cragg B A, Weightman A J, Newberry C J, Ferdelman T G, Kallmeyer J, Jorgensen B B, Aiello I W, Fry J C. 2005. Deep sub-seafloor prokaryotes stimulated at interfaces over geological time. Nature, 436(7049): 390-394.

Pearson A, McNichol A P, Benitez-Nelson B C, Hayes J M, Eglinton T I. 2001. Origins of lipid biomarkers in Santa Monica Basin surface sediment: a case study using compound-specific Delta C-14 analysis. Geochimica et Cosmochimica Acta, 65(18): 3123-3137.

Pernthaler A, Preston C M, Pernthaler J, DeLong E F, Amann R. 2002. Comparison of fluorescently labeled oligonucleotide and polynucleotide probes for the detection of pelagic marine bacteria and archaea. Applied and Environmental Microbiology, 68(2): 661-667.

Petrov A A, Vorobyova N S, Zemskova Z K. 1990. Isoprenoid alkanes with irregular head-to-head linkages. Organic Geochemistry, 16(4-6): 1001-1005.

Philosof A, Yutin N, Flores-Uribe J, Sharon I, Koonin E V, Beja O. 2017. Novel abundant oceanic viruses of uncultured Marine Group II Euryarchaeota. Current Biology, 27(9): 1362-1368.

Pietila M K, Demina T A, Atanasova N S, Oksanen H M, Bamford D H. 2014. Archaeal viruses and bacteriophages: comparisons and contrasts. Trends in Microbiology, 22(6): 334-344.

Pike L J, Forster S C. 2018. A new piece in the microbiome puzzle. Nat Rev Microbiol, 16(4): 186.

Pina M, Bize A, Forterre P, Prangishvili D. 2011. The archeoviruses. FEMS Microbiology Reviews, 35(6): 1035-1054.

Powers L A, Werne J P, Johnson T C, Hopmans E C, Damste J S S, Schouten S. 2004. Crenarchaeotal membrane lipids in lake sediments: a new paleotemperature proxy for continental paleoclimate reconstruction? Geology, 32(7): 613-616.

Powers L, Werne J P, Vanderwoude A J, Damste J S S, Hopmans E C, Schouten S. 2010. Applicability and calibration of the TEX$_{86}$ paleothermometer in lakes. Organic Geochemistry, 41(4): 404-413.

Preston C M, Wu K Y, Molinski T F, DeLong E F. 1996. A psychrophilic crenarchaeon inhabits a marine sponge: *Cenarchaeum symbiosum* gen nov, sp, nov. Proceedings of the National Academy of Sciences of the United States of America, 93(13): 6241-6246.

Rachel R, Bettstetter M, Hedlund B P, Haring M, Kessler A, Stetter K O, Prangishvili D. 2002. Remarkable morphological diversity of viruses and virus-like particles in hot terrestrial environments. Archives of Virology, 147(12): 2419-2429.

Reed D W, Fujita Y, Delwiche M E, Blackwelder D B, Sheridan P P, Uchida T, Colwell F S. 2002.
Microbial communities from methane hydrate-bearing deep marine sediments in a forearc basin.
Applied and Environmental Microbiology, 68(8): 3759-3770.

Reysenbach A L, Flores G E. 2008. Electron microscopy encounters with unusual thermophiles
helps direct genomic analysis of *Aciduliprofundum boonei*. Geobiology, 6(3): 331-336.

Schlegel K, Leone V, Faraldo-Gomez J D, Muller V. 2012. Promiscuous archaeal ATP synthase
concurrently coupled to Na^+ and H^+ translocation. Proceedings of the National Academy of
Sciences of the United States of America, 109(3): 947-952.

Schleper C, Jurgens G, Jonuscheit M. 2005. Genomic studies of uncultivated archaea. Nature
Reviews Microbiology, 3(6): 479-488.

Schouten S, Hoefs M J L, Koopmans M P, Bosch H J, Damste J S S. 1998. Structural
characterization, occurrence and fate of archaeal ether-bound acyclic and cyclic biphytanes and
corresponding diols in sediments. Organic Geochemistry, 29(5-7): 1305-1319.

Schouten S, Hopmans E C, Pancost R D, Damste J S S. 2000. Widespread occurrence of
structurally diverse tetraether membrane lipids: Evidence for the ubiquitous presence of
low-temperature relatives of hyperthermophiles. Proceedings of the National Academy of
Sciences of the United States of America, 97(26): 14421-14426.

Schouten S, Hopmans E C, Schefuss E, Damste J S S. 2002. Distributional variations in marine
crenarchaeotal membrane lipids: a new tool for reconstructing ancient sea water temperatures?
Earth and Planetary Science Letters, 204(1-2): 265-274.

Schouten S, Hopmans E C, Forster A, van Breugel Y, Kuypers M M M, Damste J S S. 2003.
Extremely high sea-surface temperatures at low latitudes during the middle Cretaceous as
revealed by archaeal membrane lipids. Geology, 31(12): 1069-1072.

Schouten S, Forster A, Panoto F E, Damste J S S. 2007a. Towards calibration of the TEX$_{86}$
palaeothermometer for tropical sea surface temperatures in ancient greenhouse worlds. Organic
Geochemistry, 38(9): 1537-1546.

Schouten S, Huguet C, Hopmans E C, Kienhuis M V M, Damste J S S. 2007b. Analytical methodology for TEX$_{86}$ paleothermometry by high-performance liquid chromatography/ atmospheric pressure chemical ionization-mass spectrometry. Analytical Chemistry, 79(7): 2940-2944.

Schouten S, Ossebaar J, Brummer G J, Elderfield H, Damste J S S. 2007c. Transport of terrestrial organic matter to the deep North Atlantic Ocean by ice rafting. Organic Geochemistry, 38(7): 1161-1168.

Schouten S, van der Meer M T J, Hopmans E C, Rijpstra W I C, Reysenbach A L, Ward D M, Damste J S S. 2007d. Archaeal and bacterial glycerol dialkyl glycerol tetraether lipids in hot springs of Yellowstone National Park. Applied and Environmental Microbiology, 73(19): 6181-6191.

Schouten S, Eldrett J, Greenwood D R, Harding I, Baas M, Damste J S S. 2008a. Onset of long-term cooling of Greenland near the Eocene-Oligocene boundary as revealed by branched tetraether lipids. Geology, 36(2): 147-150.

Schouten S, Hopmans E C, Baas M, Boumann H, Standfest S, Koenneke M, Stahl D A, Damste J S S. 2008b. Intact membrane lipids of "Candidatus Nitrosopumilus maritimus", a cultivated representative of the cosmopolitan mesophilic group I crenarchaeota. Applied and Environmental Microbiology, 74(8): 2433-2440.

Schouten S, Hopmans E C, Damste J S S. 2013. The organic geochemistry of glycerol dialkyl glycerol tetraether lipids: a review. Organic Geochemistry, 54: 19-61.

Schubotz F. 2009. Microbial community characterization and carbon turnover in methane-rich marine environments-case studies in the Gulf of Mexico and the Black Sea. Univ Bremen PhD Thesis.

Seitz K W, Dombrowski N, Eme L, Spang A, Lombard J, Sieber J R, Teske A P, Ettema T J G, Baker B J. 2019. Asgard archaea capable of anaerobic hydrocarbon cycling. Nat Commun, 10(1): 1822.

Seyler L M, McGuinness L M, Kerkhof L J. 2014. Crenarchaeal heterotrophy in salt marsh sediments. ISME Journal, 8(7): 1534-1543.

Shivvers D W, Brock T D. 1973. Oxidation of elemental sulfur by *Sulfolobus-Acidocaldarius*.

Journal of Bacteriology, 114(2): 706-710.

Shu W S, Huang L N. 2022. Microbial diversity in extreme environments. Nature Reviews Microbiology, 20(4): 219-235.

Sinninghe Damsté J S, Hopmans E C, Pancost R D, Schouten S, Geenevasen J A J. 2000. Newly discovered non-isoprenoid glycerol dialkyl glycerol tetraether lipids in sediments. Chemical Communications, 17(17): 1683-1684.

Sinninghe Damsté J S, Rijpstra W I C, Hopmans E C, Weijers J W H, Foesel B U, Overmann J, Dedysh S N. 2011. 13,16-Dimethyl octacosanedioic acid(iso-Diabolic Acid), a common membrane-spanning lipid of Acidobacteria subdivisions 1 and 3. Applied and Environmental Microbiology, 77(12): 4147-4154.

Sinninghe Damsté J S, Rijpstra W I C, Hopmans E C, Foesel B U, Wüst P K, Overmann J, Tank M, Bryant D A, Dunfield P F, Houghton K, Stott M B. 2014. Ether-and ester-bound iso-diabolic acid and other lipids in members of Acidobacteria subdivision 4. Applied and Environmental Microbiology, 80(17): 5207-5218.

Sinninghe Damsté J S, Rijpstra W I C, Foesel B U, Huber K J, Overmann J, Nakagawa S, Kim J J, Dunfield P F, Dedysh S N, Villanueva L. 2018. An overview of the occurrence of ether- and ester-linked iso-diabolic acid membrane lipids in microbial cultures of the Acidobacteria: implications for brGDGT paleoproxies for temperature and pH. Organic Geochemistry, 124: 63-76.

Spang A, Saw J H, Jorgensen S L, Zaremba-Niedzwiedzka K, Martijn J, Lind A E, van Eijk R, Schleper C, Guy L, Ettema T J G. 2015. Complex archaea that bridge the gap between prokaryotes and eukaryotes. Nature, 521(7551): 173-179.

Spang A, Caceres E F, Ettema T J G. 2017. Genomic exploration of the diversity, ecology, and evolution of the archaeal domain of life. Science, 357(6351): eaaf3883.

Sturt H F, Summons R E, Smith K, Elvert M, Hinrichs K U. 2004. Intact polar membrane lipids in prokaryotes and sediments deciphered by high-performance liquid chromatography/ electrospray ionization multistage mass spectrometry-new biomarkers for biogeochemistry and microbial ecology. Rapid Communications in Mass Spectrometry, 18(6): 617-628.

Tahon G, Geesink P, Ettema T J. 2021. Expanding archaeal diversity and phylogeny: past, present, and future. Annual Review of Microbiology, 75: 359-381.

Takai S, Henton M M, Picard J A, Guthrie A J, Fukushi H, Sugimoto C. 2001. Prevalence of virulent *Rhodococcus equi* in isolates from soil collected from two horse farms in South Africa and restriction fragment length polymorphisms of virulence plasmids in the isolates from infected foals, a dog and a monkey. Onderstepoort Journal of Veterinary Research, 68(2): 105-110.

Taubner R S, Pappenreiter P, Zwicker J, Smrzka D, Pruckner C, Kolar P, Bernacchi S, Seifert A H, Krajete A, Bach W, Peckmann J, Paulik C, Firneis M G, Schleper C, Rittmann S K M R. 2018. Biological methane production under putative Enceladus-like conditions. Nature Communications, 9(1): 748.

Teira E, van Aken H, Veth C, Herndl G J. 2006. Archaeal uptake of enantiomeric amino acids in the meso- and bathypelagic waters of the North Atlantic. Limnology and Oceanography, 51(1): 60-69.

Teske A P. 2006. Microbial communities of deep marine subsurface sediments: molecular and cultivation surveys. Geomicrobiology Journal, 23(6): 357-368.

Thiel V, Heim C, Arp G, Hahmann U, Sjovall P, Lausmaa J. 2007. Biomarkers at the microscopic range: ToF-SIMS molecular imaging of Archaea-derived lipids in a microbial mat. Geobiology, 5(4): 413-421.

Tierney J E, Schouten S, Pitcher A, Hopmans E C, Damste J S S. 2012. Core and intact polar glycerol dialkyl glycerol tetraethers(GDGTs)in Sand Pond, Warwick, Rhode Island (USA): insights into the origin of lacustrine GDGTs. Geochimica et Cosmochimica Acta, 77: 561-581.

Torsvik T, Dundas I D. 1974. Bacteriophage of *Halobacterium-Salinarium*. Nature, 248(5450): 680-681.

Tourna M, Stieglmeier M, Spang A, Konneke M, Schintlmeister A, Urich T, Engel M, Schloter M, Wagner M, Richter A, Schleper C. 2011. *Nitrososphaera viennensis*, an ammonia oxidizing archaeon from soil. Proceedings of the National Academy of Sciences of the United States of America, 108(20): 8420-8425.

Treusch A H, Leininger S, Kletzin A, Schuster S C, Klenk H P, Schleper C. 2005. Novel genes for nitrite reductase and Amo-related proteins indicate a role of uncultivated mesophilic crenarchaeota in nitrogen cycling. Environmental Microbiology, 7(12): 1985-1995.

Uma G, Babu M M, Prakash V S G, Nisha S J, Citarasu T. 2020. Nature and bioprospecting of haloalkaliphilics: a review. World Journal of Microbiology and Biotechnology, 36: 1-13.

Vajrala N, Martens-Habbena W, Sayavedra-Soto L A, Schauer A, Bottomley P J, Stahl D A, Arp D J. 2013. Hydroxylamine as an intermediate in ammonia oxidation by globally abundant marine archaea. Proceedings of the National Academy of Sciences of the United States of America, 110(3): 1006-1011.

Venter J C, Remington K, Heidelberg J F, Halpern A L, Rusch D, Eisen J A, Wu D Y, Paulsen I, Nelson K E, Nelson W, Fouts D E, Levy S, Knap A H, Lomas M W, Nealson K, White O, Peterson J, Hoffman J, Parsons R, Baden-Tillson H, Pfannkoch C, Rogers Y H, Smith H O. 2004. Environmental genome shotgun sequencing of the Sargasso Sea. Science, 304(5667): 66-74.

Ventura G T, Kenig F, Reddy C M, Schieber J, Frysinger G S, Nelson R K, Dinel E, Gaines R B, Schaeffer P. 2007. Molecular evidence of Late Archean archaea and the presence of a subsurface hydrothermal biosphere. Proceedings of the National Academy of Sciences of the United States of America, 104(36): 14260-14265.

Verschuren D, Damste J S S, Moernaut J, Kristen I, Blaauw M, Fagot M, Haug G H, Members C P. 2009. Half-precessional dynamics of monsoon rainfall near the East African Equator. Nature, 462(7273): 637-641.

Walker C B, de la Torre J R, Klotz M G, Urakawa H, Pinel N, Arp D J, Brochier-Armanet C, Chain P S G, Chan P P, Gollabgir A, Hemp J, Hugler M, Karr E A, Konneke M, Shin M, Lawton T J, Lowe T, Martens-Habbena W, Sayavedra-Soto L A, Lang D, Sievert S M, Rosenzweig A C, Manning G, Stahl D A. 2010. *Nitrosopumilus maritimus* genome reveals unique mechanisms for nitrification and autotrophy in globally distributed marine crenarchaea. Proceedings of the National Academy of Sciences of the United States of America, 107(19): 8818-8823.

Wang H, Peng N, Shah S A, Huang L, She Q. 2015. Archaeal extrachromosomal genetic elements. Microbiol Mol Biol Rev, 79(1): 117-152.

Wang J X, Xie W, Zhang Y G, Meador T B, Zhang C L. 2017. Evaluating production of cyclopentyl tetraethers by Marine Group II Euryarchaeota in the Pearl River Estuary and Coastal South China Sea: potential impact on the TEX_{86} paleothermometer. Front Microbiol, 8: 2077.

Webster G, Rinna J, Roussel E G, Fry J C, Weightman A J, Parkes R J. 2010. Prokaryotic functional diversity in different biogeochemical depth zones in tidal sediments of the Severn Estuary, UK, revealed by stable-isotope probing. FEMS Microbiology Ecology, 72(2): 179-197.

Weijers J W H, Schouten S, van der Linden M, van Geel B, Damste J S S. 2004. Water table related variations in the abundance of intact archaeal membrane lipids in a Swedish peat bog. FEMS Microbiology Letters, 239(1): 51-56.

Weijers J W H, Schouten S, Spaargaren O C, Sinninghe Damsté J S. 2006. Occurrence and distribution of tetraether membrane lipids in soils: implications for the use of the TEX_{86} proxy and the BIT index. Organic Geochemistry, 37(12): 1680-1693.

Weijers J W H, Schefuss E, Schouten S, Damste J S S. 2007a. Coupled thermal and hydrological evolution of tropical Africa over the last deglaciation. Science, 315(5819): 1701-1704.

Weijers J W H, Schouten S, Sluijs A, Brinkhuis H, Damste J S S. 2007b. Warm arctic continents during the Palaeocene-Eocene thermal maximum. Earth and Planetary Science Letters, 261(1-2): 230-238.

Weijers J W H, Schouten S, van den Donker J C, Hopmans E C, Damste J S S. 2007c. Environmental controls on bacterial tetraether membrane lipid distribution in soils. Geochimica et Cosmochimica Acta, 71(3): 703-713.

Welte C, Deppenmeier U. 2014. Bioenergetics and anaerobic respiratory chains of aceticlastic methanogens. Biochimica et Biophysica Acta-Bioenergetics, 1837(7): 1130-1147.

Whitaker R J, Grogan D W, Taylor J W. 2003. Geographic barriers isolate endemic populations of hyperthermophilic archaea. Science, 301(5635): 976-978.

Woese C R, Fox G E. 1977. Phylogenetic structure of prokaryotic Domain-Primary kingdoms. Proceedings of the National Academy of Sciences of the United States of America, 74(11): 5088-5090.

Woese C R, Kandler O, Wheelis M L. 1990. Towards a natural system of organisms-proposal for the Domains Archaea, Bacteria, and Eucarya. Proceedings of the National Academy of Sciences of the United States of America, 87(12): 4576-4579.

Woltering M, Werne J P, Kish J L, Hicks R, Damste J S S, Schouten S. 2012. Vertical and temporal variability in concentration and distribution of thaumarchaeotal tetraether lipids in Lake Superior and the implications for the application of the TEX_{86} temperature proxy. Geochimica et Cosmochimica Acta, 87: 136-153.

Wuchter C, Schouten S, Boschker H T S, Damste J S S. 2003. Bicarbonate uptake by marine Crenarchaeota. FEMS Microbiology Letters, 219(2): 203-207.

Wuchter C, Schouten S, Coolen M J L, Damste J S S. 2004. Temperature-dependent variation in the distribution of tetraether membrane lipids of marine Crenarchaeota: implications for TEX_{86} paleothermometry. Paleoceanography, 19(4): PA4028.

Xiang X Y, Dong X Z, Huang L. 2003. *Sulfolobus tengchongensis* sp nov., a novel thermoacidophilic archaeon isolated from a hot spring in Tengchong, China. Extremophiles, 7(6): 493-498.

Xiang X Y, Chen L M, Huang X X, Luo Y M, She Q X, Huang L. 2005. *Sulfolobus tengchongensis* spindle-shaped virus STSV1: virus-host interactions and genomic features. Journal of Virology, 79(14): 8677-8686.

Xiang X, Wang R C, Wang H M, Gong L F, Man B Y, Xu Y. 2017. Distribution of Bathyarchaeota communities across different terrestrial settings and their potential ecological functions. Scientific Reports, 7(1): 1-11.

Xie W, Zhang C, Ma C. 2015. Temporal variation in community structure and lipid composition of Thaumarchaeota from subtropical soil: insight into proposing a new soil pH proxy. Organic Geochemistry, 83-84: 54-64.

Xie W, Luo H, Murugapiran S K, Dodsworth J A, Chen S, Sun Y, Hedlund B P, Wang P, Fang H, Deng M, Zhang C L. 2018. Localized high abundance of Marine Group II archaea in the subtropical Pearl River Estuary: implications for their niche adaptation. Environ Microbiol, 20(2): 734-754.

Yan B, Hong K, Yu Z N. 2006. Archaeal communities in mangrove soil characterized by 16S rRNA gene clones. Journal of Microbiology, 44(5): 566-571.

Yu T, Wu W, Liang W, Lever M A, Hinrichs K U, Wang F. 2018. Growth of sedimentary Bathyarchaeota on lignin as an energy source. Proc Natl Acad Sci U S A, 115(23): 6022-6027.

Yu T, Hu H, Zeng X, Wang Y, Pan D, Wang F. 2022. Cultivation of widespread Bathyarchaeia reveals a novel methyltransferase system utilizing lignin-derived aromatics. bioRxiv, 2022-10.

Zaremba-Niedzwiedzka K, Caceres E F, Saw J H, Backstrom D, Juzokaite L, Vancaester E, Seitz K W, Anantharaman K, Starnawski P, Kjeldsen K U, Stott M B, Nunoura T, Banfield J F, Schramm A, Baker B J, Spang A, Ettema T J. 2017. Asgard archaea illuminate the origin of eukaryotic cellular complexity. Nature, 541(7637): 353-358.

Zeng Z, Chen H, Yang H, Chen Y, Yang W, Feng X, Pei H, Welander P V. 2022. Identification of a protein responsible for the synthesis of archaeal membrane-spanning GDGT lipids. Nature Communications, 13(1): 1545.

Zhang C L, Pearson A, Li Y L, Mills G, Wiegel J. 2006. Thermophilic temperature optimum for crenarchaeol synthesis and its implication for archaeal evolution. Applied and Environmental Microbiology, 72(6): 4419-4422.

Zhang C L, Ye Q, Huang Z, Li W, Chen J, Song Z, Zhao W, Bagwell C, Inskeep W P, Ross C, Gao L, Wiegel J, Romanek C S, Shock E L, Hedlund B P. 2008. Global occurrence of archaeal amoA genes in terrestrial hot springs. Appl Environ Microbiol, 74(20): 6417-6426.

Zhang C L, Wang J, Dodsworth J A, Williams A J, Zhu C, Hinrichs K U, Zheng F, Hedlund B P. 2013. In situ production of branched glycerol dialkyl glycerol tetraethers in a great basin hot spring (USA). Front Microbiol, 4: 181.

Zhang C L, Xie W, Martin-Cuadrado A B, Rodriguez-Valera F. 2015. Marine Group II Archaea, potentially important players in the global ocean carbon cycle. Frontiers in Microbiology, 6: 1108.

Zhang C L, Dang H Y, Azam F, Benner R, Legendre L, Passow U, Polimene L, Robinson C,

Suttle C A, Jiao N Z. 2018. Evolving paradigms in biological carbon cycling in the ocean. National Science Review, 5: 481-499.

Zhang G S, Tian J Q, Jiang N, Guo X P, Wang Y F, Dong X Z. 2008. Methanogen community in Zoige wetland of Tibetan Plateau and phenotypic characterization of a dominant uncultured methanogen cluster ZC-I. Environmental Microbiology, 10: 1850-1860.

Zhang W P, Ding W, Yang B, Tian R M, Gu S, Luo H W, Qian P Y. 2016. Genomic and Transcriptomic evidence for carbohydrate consumption among microorganisms in a cold seep brine pool. Frontiers in Microbiology, 7: 1825.

Zhang Z Q, Liu Y, Wang S, Yang D, Cheng Y C, Hu J N, Chen J, Mei Y J, Shen P, Bamford D H, Chen X D. 2012. Temperate membrane-containing halophilic archaeal virus SNJ1 has a circular dsDNA genome identical to that of plasmid pHH205. Virology, 434(2): 233-241.

Zhou Z, Pan J, Wang F, Gu J D, Li M. 2018. Bathyarchaeota: globally distributed metabolic generalists in anoxic environments. FEMS Microbiol Rev, 42(5): 639-655.

Zhou Z, Liu Y, Lloyd K G, Pan J, Yang Y, Gu J D, Li M. 2019. Genomic and transcriptomic insights into the ecology and metabolism of benthic archaeal cosmopolitan, Thermoprofundales (MBG-D archaea). ISME J, 13(4): 885-901.

Zhou Z, Zhang C, Liu P, Fu L, Laso-Pérez R, Yang L, Bai L, Li J, Yang M, Lin J, Wang W, Wegener G, Li M, Cheng L. 2022. Non-syntrophic methanogenic hydrocarbon degradation by an archaeal species. Nature, 601(7892): 257-262.

Zhu C, Lipp J S, Wormer L, Becker K W, Schroder J, Hinrichs K U. 2013. Comprehensive glycerol ether lipid fingerprints through a novel reversed phase liquid chromatography-mass spectrometry protocol. Organic Geochemistry, 65: 53-62.

Zhu C, Meador T B, Dummann W, Hinrichs K U. 2014. Identification of unusual butanetriol dialkyl glycerol tetraether and pentanetriol dialkyl glycerol tetraether lipids in marine sediments. Rapid Communications in Mass Spectrometry, 28(4): 332-338.